Der Steinheimer Meteorkrater

Bibliografische Information Der Deutschen Bibliothek

Die Deutsche Bibliothek verzeichnet diese Publikation in der Deutschen Nationalbibliografie;
detaillierte bibliografische Daten sind im Internet über
http://dnb.ddb.de abrufbar.

Führer für das Meteorkratermuseum,
einer von der Gemeinde Steinheim am Albuch betriebenen Zweigstelle
des Staatlichen Museums für Naturkunde in Stuttgart

Autoren

Dr. Elmar P. J. Heizmann
Staatliches Museum für Naturkunde in Stuttgart
Rosensteinstraße 1
D–70191 Stuttgart

Prof. Dr. Winfried Reiff
Fuchsweg 26
D–70771 Leinfelden-Echterdingen

Copyright © 2002 by Verlag Dr. Friedrich Pfeil, München
Wolfratshauser Straße 27, D–81379 München
Alle Rechte vorbehalten

Druckvorstufe: Verlag Dr. Friedrich Pfeil, München
CTP-Druck: grafik + druck GmbH Peter Pöllinger, München
Buchbinder: Thomas, Augsburg

Printed in Germany
ISBN 3-89937-008-2

Der Steinheimer Meteorkrater

Elmar P. J. Heizmann & Winfried Reiff

Herausgegeben von der
Gemeinde Steinheim am Albuch

Verlag Dr. Friedrich Pfeil • München 2002

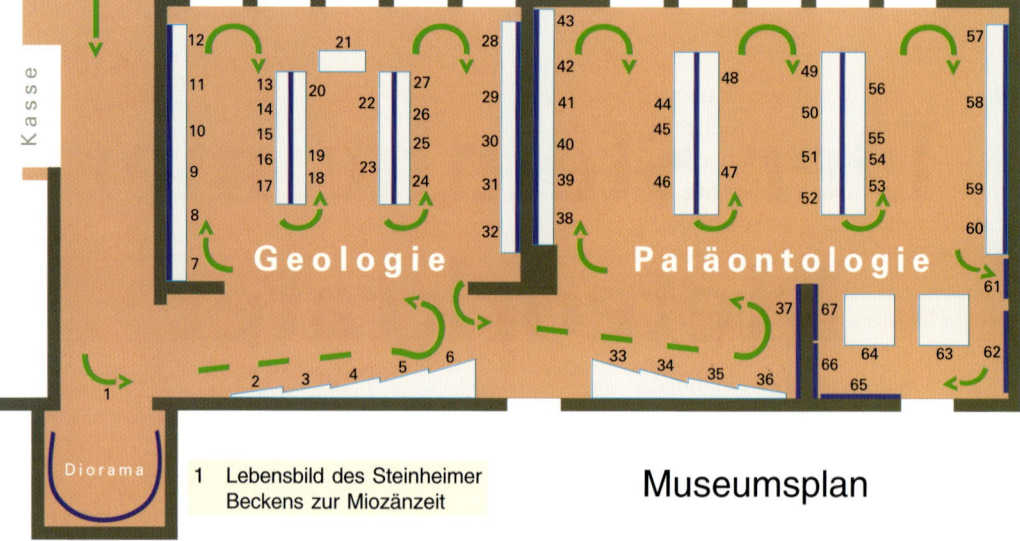

Museumsplan

1 Lebensbild des Steinheimer Beckens zur Miozänzeit

2 Fünf Milliarden Jahre Erdgeschichte
3 Geologischer Bau Südwestdeutschlands
4 Gesteine aus Südwestdeutschland
5 Geologischer Aufbau des Steinheimer Beckens
6 Die Entstehung des Steinheimer Beckens

7 Schweifsterne und Donnersteine als Vorboten schrecklicher Ereignisse
8 Meteorite – Materie aus dem All
9 Kosmische Geschosse Wann entsteht ein Meteorkrater
10 Kosmische und irdische Dimensionen
11 Einschlagkrater der Erde
12 Einfache und komplexe Krater
13 Beginn der geologischen Erforschung
14 Die Sedimentationstheorie
15 Die Lakkolithentheorie
16 Die Sprengtheorie
17 Die Theorien zur Entstehung des Steinheimer Beckens

18 Die wichtigsten Belege für die Meteoritentheorie im Steinheimer Becken
19 Zertrümmertes Weißjura-Gestein
20 Strahlenkalke (Shatter Cones)
21 Strahlenkalk
22 Gestörte Schichtenfolge im Zentralhügel
23 Schräg einfallende Bankkalke am Kraterrand

24 Trümmergestein im Becken
25 Trümmergestein anderer Herkunft
26 Zerbrochene Jura-Fossilien
27 Veränderte Quarzkörner
28 Der Meteorkrater in Arizona
29 Das Nördlinger Ries
30 Impaktbeweise im Gesteinsdünnschliff
31 Ferne Zeugnisse des Ries-Einschlags
32 Nördlinger Ries und Steinheimer Becken entstanden Schlag auf Schlag

33 Das Tertiär
34 Die Fossilien des Steinheimer Kraters
35 Die Erforschung der Wirbeltiere
36 Die Hauptfundstelle
37 Die Seeablagerungen Schicht für Schicht

38 Die vielgestaltigen Schnecken
39 Der Steinheimer Schneckenstammbaum
40 Bestandsaufnahme aller Schneckenarten
41 Messen und Rechnen
42 Abfolge der Arten der Stammbaum-Hauptreihe
43 Die Formenvielfalt der Tellerschnecken
44 Die verschiedenen Seesedimente
45 Die Seegeschichte
46 Die heutige Verteilung der Seeablagerungen
47 Pflanzen
48 Muschelkrebse
49 Fische
50 Lurche und Kriechtiere
51 Vögel
52 Kleinsäuger

53 Raubtiere
54 Chalicotherium
55 Urpferd
56 Nashörner
57 Schweine
58 Hirsch-Verwandte
59 Palaeomeryx
60 Mastodon

61 Das Leben am Steinheimer See
62 Die Gewinnung der Fossilien
63 Gabelhirsch
64 Schnappschildkröte
65 Einbettung und Erhaltung
66 Präparation
67 Rekonstruktion

Zum Geleit

Dieses ursprünglich als »Museumsführer« konzipierte Werk ist wesentlich mehr geworden: Statt einer einfachen Broschüre kann die Gemeinde Steinheim am Albuch – auch als Beitrag zum Jahr der Geowissenschaften 2002 – nun ein kleines Buch vorlegen, das erstmals in solcher Breite und reichhaltig farbig illustriert die Forschungs-, Erd- und Lebensgeschichte des Meteorkraters »Steinheimer Becken« beschreibt. Unser Steinheimer Ehrenbürger, der Geologe Prof. Dr. Winfried Reiff und der längst auch zum Freund der Gemeinde gewordene Paläontologe Dr. Elmar P. J. Heizmann vom Staatlichen Museum für Naturkunde Stuttgart haben es, assistiert und beraten durch den Altmeister der Paläontologie, Prof. Dr. Karl Dietrich Adam, geschrieben. Es ist ihnen hervorragend gelungen, den hochwissenschaftlichen Stoff in für jedermann verständlicher und anschaulicher Form aufzubereiten.

Von Anfang an bis zur Drucklegung eingebunden in die Erarbeitung und Herstellung dieses Werks war Eberhard Stabenow; er fotografierte, kartierte, organisierte, stellte zusammen und zeichnete schließlich für das gesamte Layout verantwortlich. Ihm und den ebenfalls völlig ehrenamtlich tätigen Autoren gebühren höchste Anerkennung und der herzliche Dank der Gemeinde.

Dieses Werk ist in erster Linie für den Besucher unseres Museums gedacht. Ich hoffe jedoch, dass das Buch ganz allgemein gute Aufnahme findet und zur Verbreitung des Wissens um den weltbekannten Meteorkrater und die ebenso bedeutende tertiäre Fundstelle beitragen wird.

Im September 2002   Dieter Eisele
                                                                                                                Bürgermeister

Inhalt

Teil I (Winfried Reiff)

Das Steinheimer Becken 10
Geographischer und historischer Überblick 10
Die Entstehung des Steinheimer Beckens 12

Darstellung der geologischen Zusammenhänge 16
Zeittafel zur Erdgeschichte 16
Geologischer Bau Südwestdeutschlands 18
Schweifsterne und Donnersteine – Vorboten schrecklicher Ereignisse 20
Meteorite – Materie aus dem All 23
Kosmische Geschosse – Wie entsteht ein Meteorkrater? 27
    Kosmischer Staub 27
    Meteore, Meteoride, Meteoriten, Asteroiden 27
    Kometen 27
    Meteor-, Meteoriten-, Einschlag- oder Impaktkrater 27
Kosmische und irdische Dimensionen 28
Einschlagkrater auf Mond und Erde 30
    Einfache Krater 30
    Komplexe Krater 34
Geschichte der geologischen Erforschung des Steinheimer Beckens 36
    Beginn der Erforschung 37
    Sedimentationstheorie 37
    Lakkolithentheorie 39
    Sprengtheorie 42
    Einschlag- oder Impakttheorie 43
    Die Theorien zur Entstehung des Steinheimer Beckens im Überblick 45
    Die wichtigsten Belege für die Impakttheorie im Steinheimer Becken ... 45
Der Steinheimer Meteorkrater 48
    Der Zentralhügel 49
    Zertrümmerter Weißer Jura am Kraterrand und Kraterboden 51
    Primäre Beckenbrekzie 57
    Schräg einfallende Bankkalke am Kraterrand 58
    Zerbrochene Jura-Fossilien 59
    Strahlenkalke oder Strahlenkegel (shatter cones) 60
    Geschockte (deformierte) Quarzkörner 60
Arizona-Krater, Nördlinger Ries und Steinheimer Becken 65
    Der Meteor- oder Barringer-Krater in Arizona 65
    Das Nördlinger Ries 66
    Impaktbeweise im Gesteinsdünnschliff 69
    Ferne Zeugnisse vom Einschlag des Ries-Asteroiden 70

Nördlinger Ries und Steinheimer Becken – entstanden sie Schlag auf Schlag? 71
Das Alter von Nördlinger Ries und Steinheimer Becken 72
Die See-Entwicklung 73
    Bildung des Kratersees 73
    Die Seeablagerungen – Archiv vorzeitlichen Lebens 73

Teil II (Elmar P. J. Heizmann)

Leben nach der Katastrophe – Paläontologie eines Meteorkraters 81

Der erdgeschichtliche Rahmen – Die Tertiärzeit 81
Die Fundstelle und ihre Fossilien 83
Geschichte der paläontologischen Erforschung 90
Pflanzen – Klimaanzeiger und mehr 96
Wirbellose 100
    Schnecken – Zeugen der Evolution 100
    Muschelkrebse – klein aber oho 107
Wirbeltiere 109
    Fische – wechselvolle Lebensbedingungen im See 110
    Lurche und Kriechtiere – Lebensräume im und um den See 112
    Vögel – Oase Steinheim? 115
    Kleinsäuger – Altersbestimmung mit Organismen 118
    Raubtiere – Vielfalt der Anpassungen 121
    Chalicotherien – bizarre Unpaarhufer 124
    Urpferde – Paradebeispiele des Evolutionsgeschehens 126
    Nashörner – vom Einfluss der Lebensbedingungen 128
    Schweine – Allesfresser mit weitreichenden Verwandtschaftsbeziehungen 130
    Hirschverwandte – durch Imponieren zum Fortpflanzungserfolg 132
    Palaeomyceriden – Giraffen in Steinheim? 137
    Rüsseltiere – Mastodonten auf der Alb 139
Sammeln, Graben, Erhalten 142
    Fossilgewinnung 142
    Einbettung und Erhaltung 147
    Präparation 151
Das Alter der Fundstelle 152
Vor und nach dem Einschlag 153
Das Bild der Vergangenheit 154
    Rekonstruktion von Organismen 154
    Erstellung eines Gesamtbildes 155

Weiterführende Literatur 159
Danksagung 160
Abbildungsnachweise 160

Abb. 1. Blick in den geologischen Teil des Museums. Im Vordergrund ein Block aus Weißjurakalk mit Strahlenkegeln.

Abb. 2. Blick in den paläontologischen Teil des Museums. Im Vordergrund ein Block aus tertiären Seeablagerungen mit Panzer und Skelett einer Schnappschildkröte.

Das Steinheimer Becken

Abb. 3. Luftbild des Steinheimer Beckens von Süden. Die Waldumrandung zeichnet ungefähr den Kraterrand nach. In der Beckenmitte erhebt sich der Zentralhügel Steinhirt-Klosterberg.

Geographischer und historischer Überblick

Auf der östlichen Schwäbischen Alb (Ostalb) liegt – rund 7 km westlich von Heidenheim an der Brenz – das Steinheimer Becken. Es ist ein nahezu kreisrunder Kessel mit einer zentralen Erhebung, ähnlich einer Gugelhupf- oder Napfkuchen-Form, der in die sanftgewellte Hochfläche des Albuchs eingetieft ist (Abb. 3). Im Norden des Beckens liegt die Gemeinde Steinheim am Albuch, im Süden der Teilort Sontheim im Stubental.

Die geschützte Lage und die geologisch bedingten, besonders günstigen Bodenverhältnisse am Grunde des Steinheimer Beckens führten schon in vorgeschichtlichen Zeiten zur Besiedelung. Die bis jetzt ältesten, von Kelten hinterlassenen Siedlungsspuren stammen aus der Hallstattzeit. Die Alamannen wohnten hier bereits ab der ersten Hälfte des 4. Jahrhunderts und auf die fränkische Herrschaft sind die Ortsnamen Steinheim und Sontheim zurückzuführen. Die erste urkundliche Erwähnung von Steinheim fällt in das Jahr 839. Das 1190 auf der zentralen Erhebung gegründete Chorherrenstift der Augustiner am Klosterberg wurde später aufgelöst und in einen Meierhof des Zisterzienserklosters Königsbronn umgewandelt. Steinheim hatte im Mittelalter sogar ein Halsgericht samt Blutbann. Unter Herzog Christoph fiel der Ort 1553 an das Herzogtum Württemberg.

Abb. 4.
Lage der beiden Meteorkrater Steinheimer Becken und Nördlinger Ries.

Abb. 5.
Eingefärbte Radaraufnahme mit Steinheimer Becken und Nördlinger Ries.

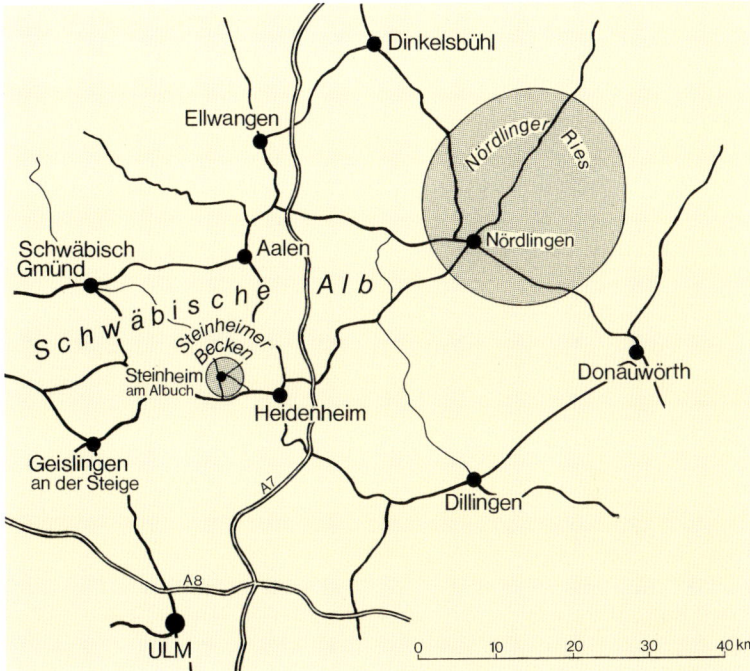

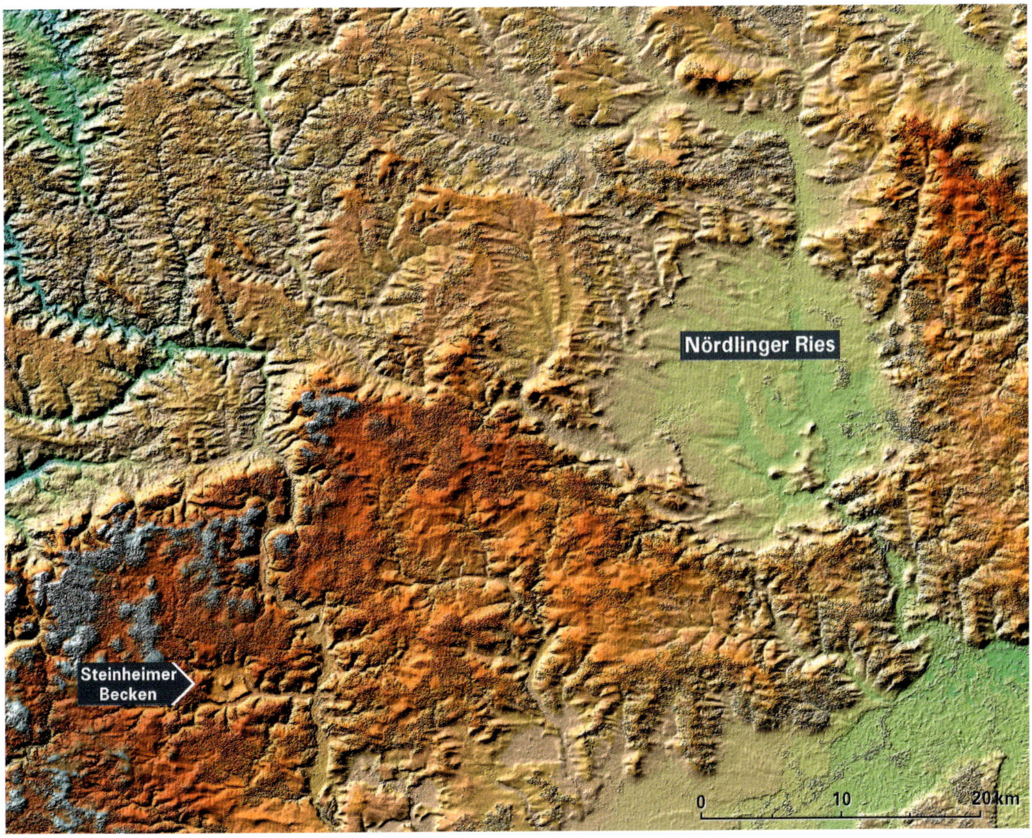

Die Entstehung des Steinheimer Beckens

Das Steinheimer Becken ist das Relikt eines Kraters, der im Tertiär, vor rund 15 Millionen Jahren, durch den Einschlag (Impakt) eines kosmischen Körpers entstanden ist. Geologische Vorgänge erfordern normalerweise lange Zeiträume. Ausnahmen bilden katastrophale Ereignisse wie Bergstürze, Vulkanausbrüche, Erdbeben, Flutkatastrophen an Meeresküsten oder in Flusslandschaften. Extrem schnell und tiefgreifend wird die Erdoberfläche durch den Einschlag eines großen kosmischen Körpers, eines Asteroiden oder eines Kometen, umgestaltet. Kosmische Körper treffen die Erde mit hohen Geschwindigkeiten. Die Bewegungsenergie (kinetische Energie) eines Körpers ist aber nicht nur von seiner Geschwindigkeit, sondern auch von seiner Masse und damit von seiner Größe und seinem spezifischen Gewicht abhängig. Große Körper werden durch die Atmosphäre nur wenig abgebremst. Ihre Bewegungsenergie wird im Bruchteil einer Sekunde in Druck und Wärme umgewandelt (s. S. 28).

40 km östlich vom Steinheimer Becken liegt das Nördlinger Ries, ein weiterer, ungleich größerer Einschlagkrater (Abb. 4, 5), der gleich alt zu sein scheint (s. S. 71). In ihm wurde 1973 bei Nördlingen eine Forschungsbohrung niedergebracht. Untersuchungen an den dortigen Bohrkernen führten zu dem Ergebnis, dass das Ries, dessen Entstehung durch einen Impakt seit 1961 durch Shoemaker und Chao (s. S. 66) gesichert war, vermutlich durch den Einschlag eines Gesteins-Asteroiden ausgesprengt wurde. Unter der Annahme, dass der Rieskrater zur gleichen Zeit entstanden ist wie der Steinheimer Krater (s. S. 72), dürfte auch dieser durch einen Asteroiden, der aus Gestein bestand, geschaffen worden sein.

In den USA wurden nach unterirdischen Explosionen von Atombomben zu Versuchszwecken an den betroffenen Gesteinen Veränderungen festgestellt, die durch außergewöhnlich hohe Drücke und Temperaturen hervorgerufen wurden. Ähnliche oder gleiche Veränderungen fand man auch in Einschlag- oder Impaktkratern. Damit war der Bezug zwischen atomaren Sprengungen und kosmischen Einschlägen geschaffen. Über Jahrzehnte hinweg wurden in den USA und in Kanada für militärische und wissenschaftliche Zwecke durch Sprengungen in unterschiedlichen Gesteinen Krater erzeugt und anschließend vermessen. Dabei hat man die Bewegungen der Gesteine im Bereich des Kraters einschließlich des durch die Explosion aus dem Krater hinausgeschleuderten Materials ermittelt, so dass die Mechanik der Kraterentstehung untersucht und dargestellt werden konnte. Unter Berücksichtigung der Sprengkraft und der Lage des Explosionszentrums lässt sich berechnen, welche Energie notwendig ist, um einen Krater von einer bestimmten Größe entstehen zu lassen. Nach den Berechnungen, die für den Steinheimer Krater angestellt wurden, dürfte er durch einen Steinmeteoriten von 80-100 m Durchmesser ausgesprengt worden sein.

Im Steinheimer Krater bildete sich ein lange Zeiten überdauernder See. In den Seeablagerungen wurden die Reste des dortigen reichen Lebens im Jungtertiär überliefert. Das 1978 errichtete und 1994 erweiterte Meteorkrater-Museum zeigt den Wissensstand über die Entstehung des Kraters und seine Erforschung sowie über die in seinen Seeablagerungen bewahrten Lebensreste auf.

Ein Besuch im Meteorkrater Museum wird auf ideale Weise durch den 1979 eingerichteten Geologischen Wanderweg ergänzt, der zu einigen wichtigen Aufschlüssen führt (Abb. 6-10). Besonders hervorzuheben ist, dass man von einigen Aussichtspunkten am Kraterrand gleichsam mit einem einzigen Blick das Steinheimer Becken überschauen und die Form des Kraters erfassen kann.

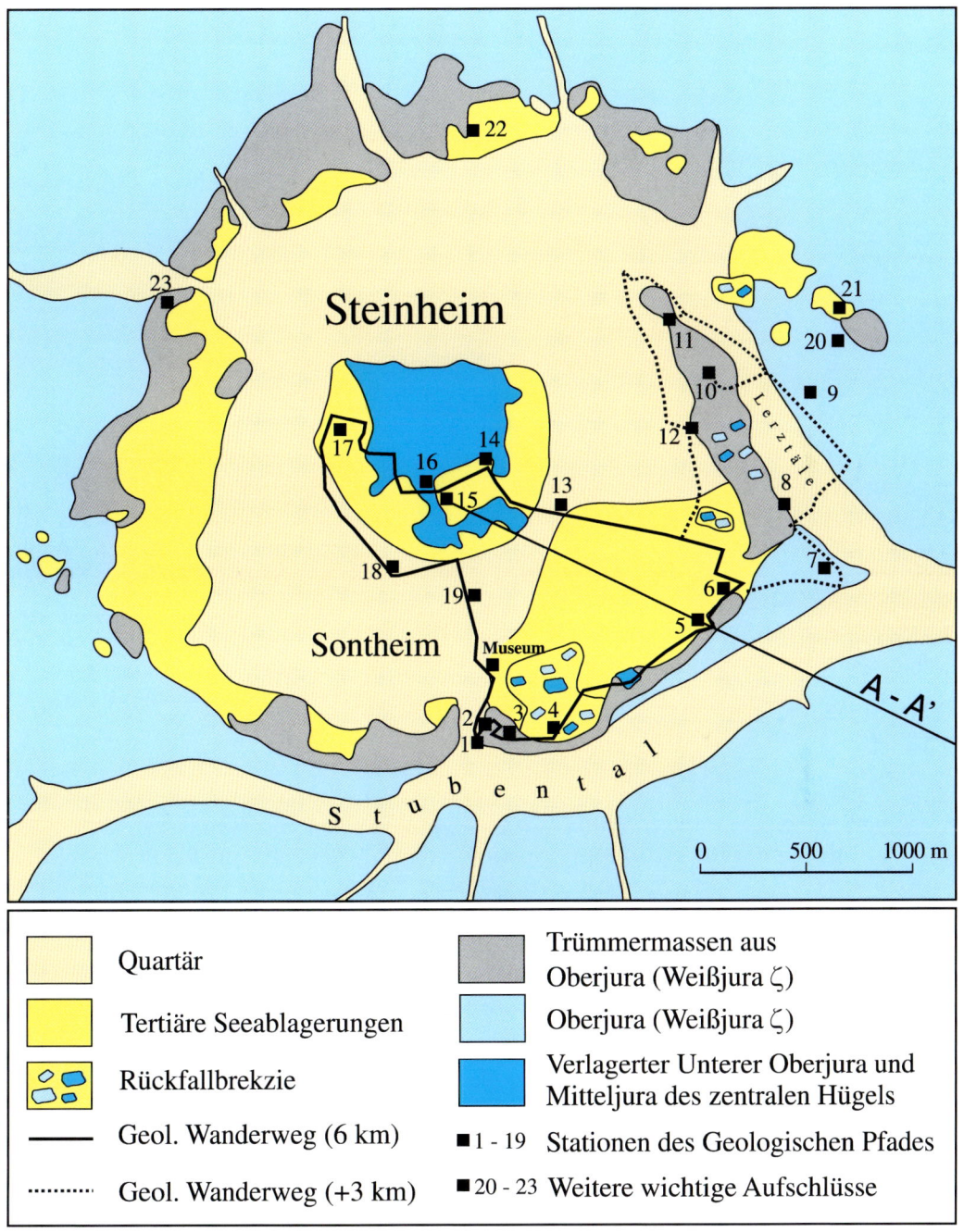

Abb. 6. Der geologische Wanderweg im Steinheimer Becken (nach Groschopf & Reiff 1979) A – A' geologischer Schnitt (s. Abb. 62).

Abb. 7. Blick vom Burgstall über das gesamte Becken. Im Vordergrund der Ortsteil Sontheim, dahinter der Zentralhügel (Station 3 des Wanderwegs).

Abb. 8. Station 5 am Knill-Südhang. Bankkalke der Zementmergel am Kraterrand, aber außerhalb des Kraters, fallen mit 15-20° gegen den ehemaligen Krater ein. Die darüberliegende Brekzie liegt bereits im Krater (s. Abb. 62).

Abb. 9. Wegeinschnitt am Nordende des Galgenbergs. Liegende Bankkalke schräg gestellt, z.T. zertrümmert und wieder zu Brekzien verkittet (Station 11).

Abb. 10. Lettenhülbe auf dem Steinhirt-Klosterberg. Einst künstlich angelegte Viehtränke (Hülbe oder Hüle) im verwitterten Opalinuston des Braunen Juras. Die Hülbe ist Standort des seltenen Fieberklees und anderer Wasserpflanzen. Sie ist Laichplatz von Kröten, Fröschen und Molchen (Station 16).

Darstellung der geologischen Zusammenhänge

Zeittafel zur Erdgeschichte

Die Zeittafel stellt in einer Grafik die Abfolge der Erdgeschichte und die Dauer der einzelnen Epochen dar (Abb. 11). An keinem Punkt der Erde ist diese Abfolge vollständig vertreten, da die Erdoberfläche einer ständigen, örtlich unterschiedlichen Veränderung unterliegt. Gesteine werden nicht nur abgelagert, sondern auch abgetragen und teilweise in großer Tiefe sogar wieder aufgeschmolzen. In Südwestdeutschland sind vor allem die Gesteine des Erdmittelalters und der Erdneuzeit vertreten, weshalb sie hier ausführlicher behandelt sind.

Die Erde bildete sich aus kosmischer Materie, welche die Sonne in Gas- und Staubwolken umkreiste. Durch die gegenseitigen Anziehungskräfte ballten sich Teile der Materie zusammen und bildeten größere Körper, die sich wiederum gegenseitig anzogen und zusammenprallten, wobei sie verschmolzen. So entstanden immer größere Körper, die bei den gegenseitigen Zusammenstößen manchmal auch wieder zersprangen und damit das Ausgangsmaterial für Meteorite bildeten. An Meteoriten, die in den letzten Jahrhunderten auf die Erde gelangten, wurden Altersbestimmungen durchgeführt. Danach ist die Erde nach derzeitigem Wissen 4,6 Milliarden Jahre alt. Die Kollisionen im Weltraum führten letztlich zur Bildung der Planeten, aber auch zur Absprengung von Material, das sich zu Monden verdichtete. Die Kollisionen führten auch zu erneuter Zertrümmerung von Planeten, worauf die Asteroiden hindeuten (s. S. 24).

Die Verschmelzung großer kosmischer Körper war mit einer sehr starken Erhitzung verbunden. In geschmolzenem Zustand kam es durch die Gravitation der Körper zu einer Trennung der Stoffe nach ihrem spezifischen Gewicht. Die schweren Stoffe reicherten sich mehr im Inneren, die leichteren mehr im Äußeren der Körper an. So bildete sich auf unserem Planeten der Erdkern aus Nickeleisen, der Erdmantel aus schweren und die Erdkruste aus leichten Silikatgesteinen.

In der **Erdurzeit** (Archaikum, Azoikum, 4600-4000 Ma, Ma = Millionen Jahre) war die Erde ein glühender Körper, in den ständig Brocken unterschiedlichster Größe von Materie aus dem All, Asteroide und Kometen, einschlugen.

Erst zu Beginn der **Erdfrühzeit** (Präkambrium, 4000-570 Ma) kühlte die Erdoberfläche allmählich soweit ab, dass sich eine feste Erdkruste bilden konnte. Auch diese wurde noch häufig von kosmischen Körpern getroffen, so dass sie wie die Oberfläche des Mondes mit Kratern übersät war. Die sich bildende Atmosphäre enthielt anfangs noch keinen Sauerstoff. Wasserdampf kondensierte erst zu Wasser, als die Erdoberfläche unter 100 °C abgekühlt war. Damit begann der Kreislauf des Wassers und die Gliederung der Erdoberfläche in Ozeane und Kontinente. 3800 Ma alte Gesteine bergen die ältesten uns bekannten Spuren von Leben. Es handelt sich um Mikroorganismen, die ähnlich aussahen wie manche noch existierende Bakterien. Die ersten Organismen, die wie Pflanzen durch ihren Stoffwechsel Sauerstoff abschieden, sind 3500 Ma alt. Am Ende des Präkambriums gab es bereits eine Vielzahl mehrzelliger Pflanzen und Tiere.

Ab dem **Erdaltertum** (Paläozoikum, 570-250 Ma) lässt sich die Geschichte der Erde und des Lebens anhand von Fossilien genauer verfolgen. Die ersten Fische traten vor ungefähr 440 Ma auf. Pflanzen besiedelten das Land vor 420 Ma, Tiere vor 375 Ma.

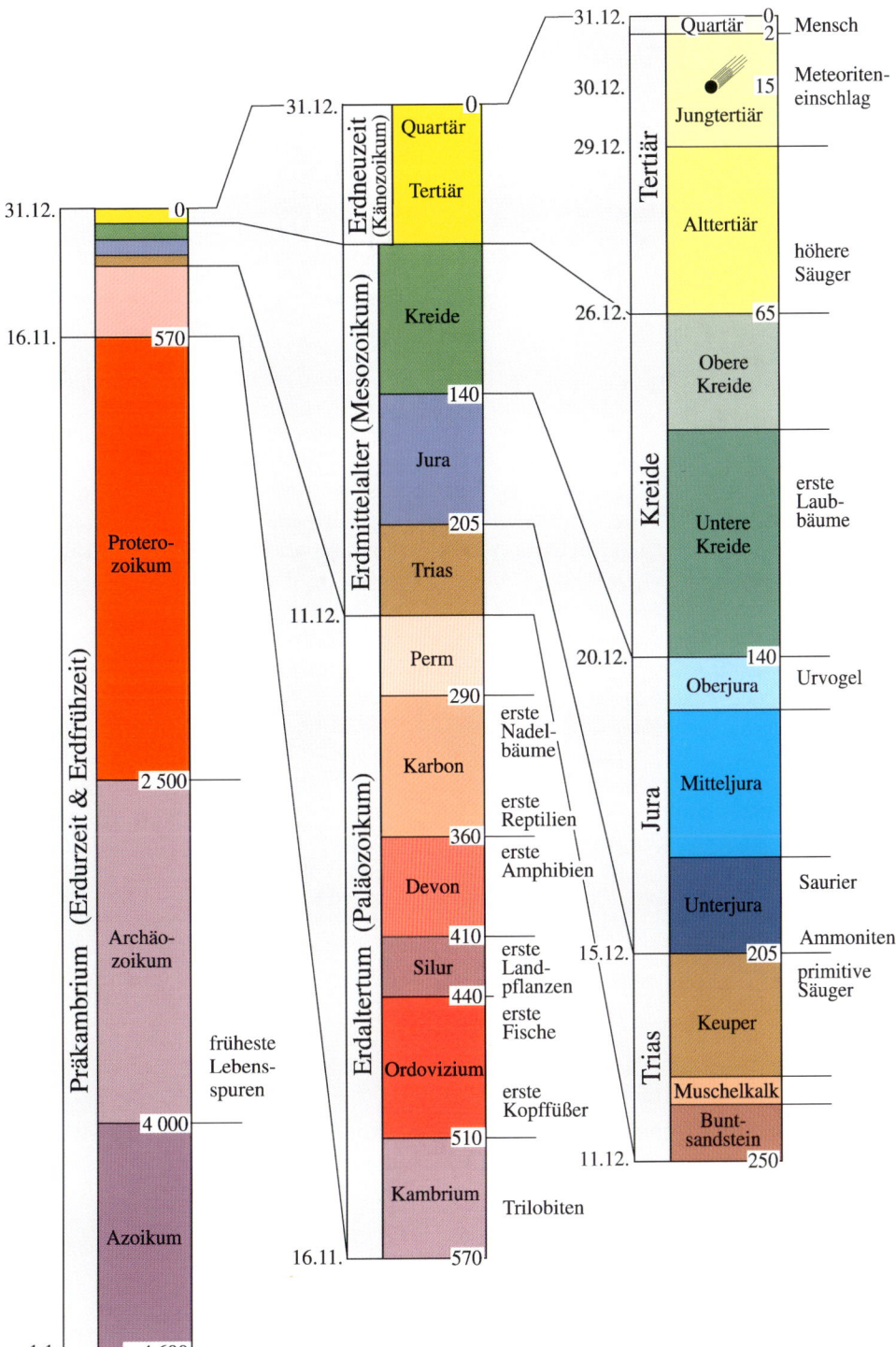

Abb. 11. 4,6 Milliarden Jahre Erdgeschichte. Die Zahlen links der Diagrammsäulen geben den zeitlichen Vergleich mit dem Ablauf eines Jahres an, die Zahlen rechts das absolute Alter in Millionen Jahren.

Das **Erdmittelalter** (Mesozoikum, 250-65 Ma) besteht aus Trias (Buntsandstein, Muschelkalk, Keuper), Jura (Schwarzer, Brauner, Weißer) und Kreide. In der Trias traten die ersten Säugetiere, im Jura die ersten Vögel auf. Die Herrschaft der Saurier erlosch mit dem Ende des Erdmittelalters ebenso wie der Formenreichtum der zu den Tintenfischen gehörenden Ammoniten und Belemniten.

Die **Erdneuzeit** (Neozoikum, 65 Ma – heute) wird in Tertiär (Paläozän, Eozän, Oligozän, Miozän, Pliozän) und Quartär (Pleistozän, Holozän), das vor etwa 2,5 Ma begann, unterteilt. Im Tertiär entfalteten die Säugetiere, die Vögel und die Blütenpflanzen ihre reiche Formenvielfalt. Im Miozän, vor rund 15 Ma, schlug der Steinheimer Meteorit ein. Gegen Ende des Tertiärs, vor 2-2,5 Ma erscheinen frühe Urmenschen, die es verstanden Werkzeuge und andere Geräte herzustellen und einzusetzen.

Geologischer Bau Südwestdeutschlands

Der südliche und mittlere Schwarzwald besteht hauptsächlich aus präkambrischen Gneisen und paläozoischen Graniten, die man unter der Bezeichnung Grundgebirge zusammenfasst. Über dem Grundgebirge lagen jüngere Gesteinsschichten, die dort längst abgetragen sind, weil im Bereich des Schwarzwalds die Erdkruste stärker angehoben wurde, als in der Umgebung. Im übrigen Südwestdeutschland ist das Grundgebirge noch von jüngeren Gesteinen, dem Deckgebirge, bedeckt. Würde man außerhalb des Steinheimer Kraters, wo die Gesteinsschichten durch den Einschlag nicht gestört sind, bis auf das Grundgebirge bohren, dann würde man es ungefähr in 1100 m Tiefe erreichen. Auf ihm können örtlich noch Gesteine des ausklingenden Erdaltertums, wie das Rotliegende, vorhanden sein. Darüber folgen die Schichten des Buntsandsteins, des Muschelkalks und des Keupers sowie des Schwarzen, Braunen und Weißen Juras (Unter-, Mittel- und Oberjura), stellenweise auch des jüngeren Tertiärs und des Quartärs (Abb. 12). Ablagerungen der Kreide sind nicht bekannt. Die heutige Ostalb war während dieser Erdperiode nicht mehr vom Meer bedeckt und festländische Ablagerungen, etwa von Flüssen, sind abgetragen. – Proben einiger Gesteine vom Grundgebirge bis zum Tertiär sind in einer Vitrine entsprechend ihrer zeitlichen Abfolge angeordnet.

Der mehrfache Wechsel zwischen relativ weichen, verwitterungsanfälligen und harten Gesteinsschichten setzte der Abtragung (Erosion) bald weniger, bald mehr Widerstand entgegen. So entstanden in der Landschaft Steilhänge und Verebnungen, morphologische Stufen. Diese Vorgänge wurden noch durch die tektonische Verstellung der Schichten, die nach Süden bis Südosten einfallen, verstärkt. Man spricht daher von der Süddeutschen Schichtstufenlandschaft, die aus den Gesteinen der Trias und des Juras aufgebaut ist.

Auf der geologischen Übersichtskarte von Südwestdeutschland sind die im Miozän entstandenen Vulkangebiete der mittleren Schwäbischen Alb, des Hegaus und des Kaiserstuhls eingezeichnet. Die ungefähre Gleichzeitigkeit vulkanischer Tätigkeit an mehreren Stellen Südwestdeutschlands mit der Entstehung des Steinheimer Beckens und des Nördlinger Ries' legte es nahe, auch für deren Bildung vulkanische Kräfte anzunehmen, bis dann neue Erkenntnisse zu einer Deutung führten, die den tatsächlichen Befunden in den Kratern besser entsprach.

Abb. 12.
oben: Verbreitung der geologischen Schichten in Südwestdeutschland (vereinfacht).
unten: Geologischer Schnitt durch Südwestdeutschland. Die abgeknickte Linie im oberen Bild gibt den Profilverlauf an.

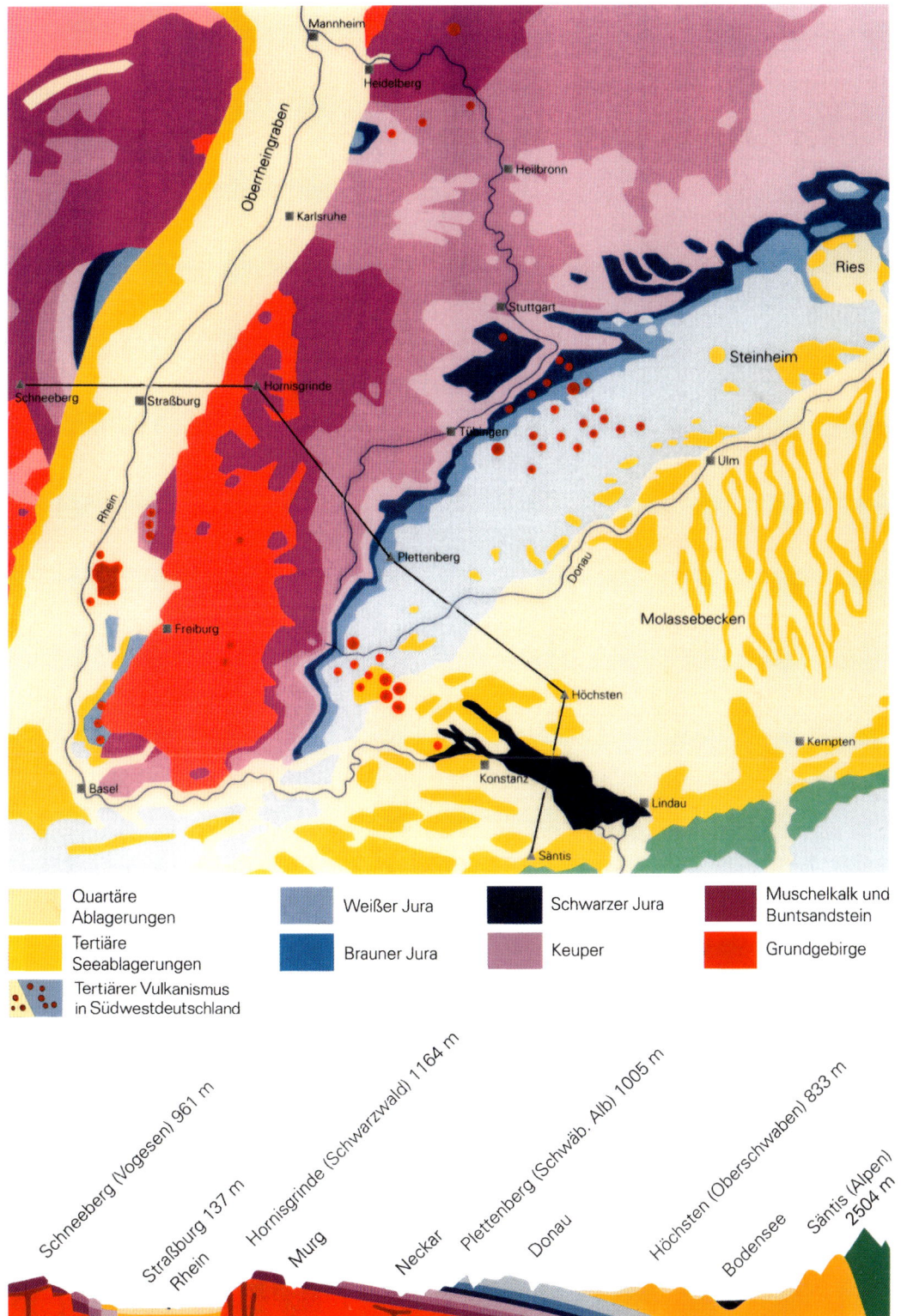

Abb. 13. Der Teppich von Bayeux. Ausschnitt aus dem 70 m langen und 50 cm breiten gestickten Bildteppich mit der Wiedergabe des Halleyschen Kometen in der Mitte des oberen Bildrandes.

Schweifsterne und Donnersteine – Vorboten schrecklicher Ereignisse

Seltene, auffallende Erscheinungen am Himmel wie das Auftauchen und Verschwinden von Kometen, früher nach ihrem Aussehen »Schweifsterne« genannt, haben die Menschen schon seit Jahrtausenden nicht nur tief beeindruckt, sondern auch geängstigt, bei manchen sogar Weltuntergangsstimmung hervorgerufen. Sie wurden – wie auch die auf der Erde niedergegangenen größeren Meteorite oder »Donnersteine« – als Zeichen der Götter, des göttlichen Gerichts und kommenden Unheils gedeutet. Solch auffallende Himmelserscheinungen sind deshalb schon früh bildlich festgehalten worden.

Auf dem gestickten Bildteppich von Bayeux in der Normandie, ist der Halleysche Komet dargestellt. Der 70 m lange und 50 cm breite Teppich schildert in 58 Bildern die Eroberung Englands durch den Normannenherzog Wilhelm den Eroberer im Jahr 1066. In den Bildern 32 und 33 erkennt man eine Gruppe von Männern, die erschreckt den Kometen, der am 20. März 1066 erschien, betrachten (Abb. 13). Darüber stehen die lateinischen Worte: »Iste mirant[ur] stella[m]«, was heißt: »Diese staunen über den Stern«. Das Erscheinen des Kometen wurde im Nachhinein als schlechtes Omen für König Harold II. von England und seine Angelsachsen gedeutet. So sieht er auf dem Bildteppich in einer Vision bereits die feindlichen Schiffe. In der Schlacht bei Hastings verlor er tatsächlich Reich und Leben.

Der nach dem englischen Astronomen Edmund Halley (1656–1724) benannte Komet ist der bekannteste. Er nähert sich auf einer Ellipsenbahn ungefähr alle 76 Jahre der Sonne, wodurch er gut sichtbar wird. So haben sich nicht nur Astronomen, sondern auch »Sterngucker« aus dem Volk mit ihm beschäftigt. In einem alten Schwarzwaldhaus des »Freilichtmuseums Vogtsbauernhof« bei Gutach ist in einer Holzwand der Tenne eine Darstellung des Halleyschen Kometen eingeritzt (Abb. 14). Dieser wurde auf Grund seiner periodischen Wiederkehr und seiner deutlichen Sichtbarkeit in schriftlichen Quellen immer wieder erwähnt, das erste Mal 239 vor Christi Geburt. Zuletzt war er 1986 zu sehen und konnte von einer Raumsonde, die zu seiner Erkundung ins Weltall geschickt worden war, aus der Nähe fotografiert werden.

Ein einfacher Komet, wie der Halleysche, besteht aus einem Kopf oder Kern und dem Schweif (Abb. 15). Es gibt aber auch Kometen mit mehreren Kernen, wie der Shoemaker-Levy-9-Komet, der 1994 in den Jupiter einschlug und aus 21 Kernen zusammengesetzt war.

Abb. 14. Der Halleysche Komet als Ritzzeichnung auf einer Wand der Tenne im Hippenseppenhof des Freilichtmuseums Vogtsbauernhof in Gutach im Schwarzwald.

Diese, wie Perlen an einer Schnur aufgereihten Kerne dürften allerdings erst einige Jahre zuvor aus einem größeren Kern, vielleicht auch aus wenigen gravitativ zusammengehaltenen Kernen, entstanden sein, als der Komet auf seiner Umlaufbahn dem Jupiter bereits sehr nahe gekommen war. Der Kometenkern, geht man davon aus, dass es nur einer war, wäre dabei durch die starken Gravitationskräfte des Jupiters in die einzelnen Teile zerbrochen. Kerne enthalten kleine und kleinste Trümmer kosmischer Materie sowie gefrorene Flüssigkeiten, überwiegend Wasser, und Gase, so dass man sie mit schmutzigen Schneebällen vergleicht. Ihre Dichte beträgt ungefähr $1\,g/cm^3$. In der Nähe der Sonne wurden und werden durch deren Einwirkung von der Oberfläche eines Kometenkerns ständig Teilchen abgesondert. Sie bilden den immer der Sonne abgewandten Schweif.

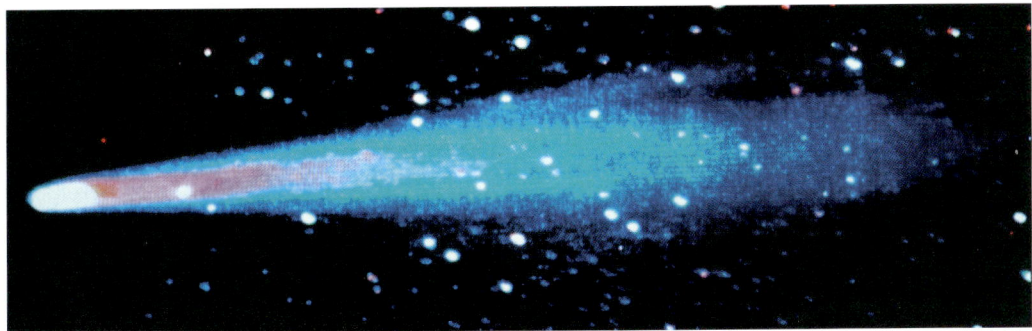

Abb. 15. Der Halleysche Komet 1986 von der Raumsonde Giotto aufgenommen.

Abb. 16. Der Fall des Meteorits bei Niederreissen in Thüringen 1581 (Dobrenský-Kodex, Strahov-Bibliothek, Prag).

Von einem Meteoritenfall bei der Ortschaft Niederreißen in Thüringen im Jahre 1581 berichtet ein Einblattdruck aus dem Dobrensky-Kodex der Prager Strahov-Bibliothek (Abb. 16). Die Überschrift lautet (in deutscher Übersetzung): »Grausame und schreckliche Neuigkeiten, die in Tat und Wahrheit im Thüringer Lande in diesem vorigen Jahr aus Gottes Fügung geschehen …«. Die Mitteilung des außergewöhnlichen Naturereignisses mündet in Prophezeiungen kommenden Unheils und endet mit der Bitte: »Der Herr unser Gott möge uns vor allem Bösen bewahren.« Ein späteres Dokument aus dem Jahre 1613 belegt, dass damals von diesem Ereignis genaue Augenzeugenberichte vorlagen. Danach gab es am 26. Juli 1581 zwischen ein und zwei Uhr am Tage einen großen hellen Donnerschlag, und die Erde bebte. Ein großer Stein sei in Caspar Wittichs Gerstenstück gefallen. Im Fallen und Sausen habe sich der Stein immer überschlagen. Die Erde sei bei seinem Auftreffen zwei Mann hoch in die Höhe gefahren und ein großer Rauchdampf aufgestiegen. Der Stein sei fünf Viertel der Ellen tief in die Erde eingedrungen, habe quer gelegen und war so heiß, dass ihn niemand anrühren konnte. Er war eine halbe Elle lang, wog 49 Pfund, war von bläulicher bis grauer Farbe und fast viereckiger Gestalt [Das alte Längenmaß Elle war nicht überall gleich lang. Es kann hier mit 68 cm angenommen werden.]. Er gab Feuer und Stahl von sich, wenn man daran schlug. Der Meteorit wurde zunächst in Weimar, später in Dresden aufbewahrt. Seit Ende des 18. Jahrhunderts ist er verschollen.

Weithin bekannt ist der Meteorit von Ensisheim im Elsaß. Er fiel am 7. November 1492, zwischen 11 und 12 Uhr, zu Boden. Der Meteoritenfall wurde in einem zeitgenössischen Flugblatt wiedergegeben und Kaiser Maximilian benutzte ihn in einem Aufruf als Zeichen Gottes gegen die Türken. Auch ein um 1505 in Nürnberg entstandener Holzschnitt von Hans Baldung Grien mit dem Titel »Bekehrung des heiligen Paulus« zeigt unverkennbar das Niedergehen eines Meteorits mit vorausgegangenem Zerplatzen.

Meteorite – Materie aus dem All

Extraterrestrische Körper mit kosmischer Geschwindigkeit werden Asteroide oder Kometen genannt, solche mit Fallgeschwindigkeit Meteorite. Feste Körper aus dem All, die auf der Erde gefunden werden, bezeichnet man unabhängig von ihrer Zusammensetzung und Größe als Meteorite. Der Wittenberger Physiker Ernst F. F. Chladni (1756–1827) hat als erster aufgrund des von ihm gesammelten Materials über Meteoritenfälle 1794 in einer Schrift kundgetan, dass die Phänomene der Sternschnuppen, der Feuerkugeln und der vom Himmel gefallenen Steine und Eisenmassen außerirdischen Ursprungs sein müssten (Abb. 17).

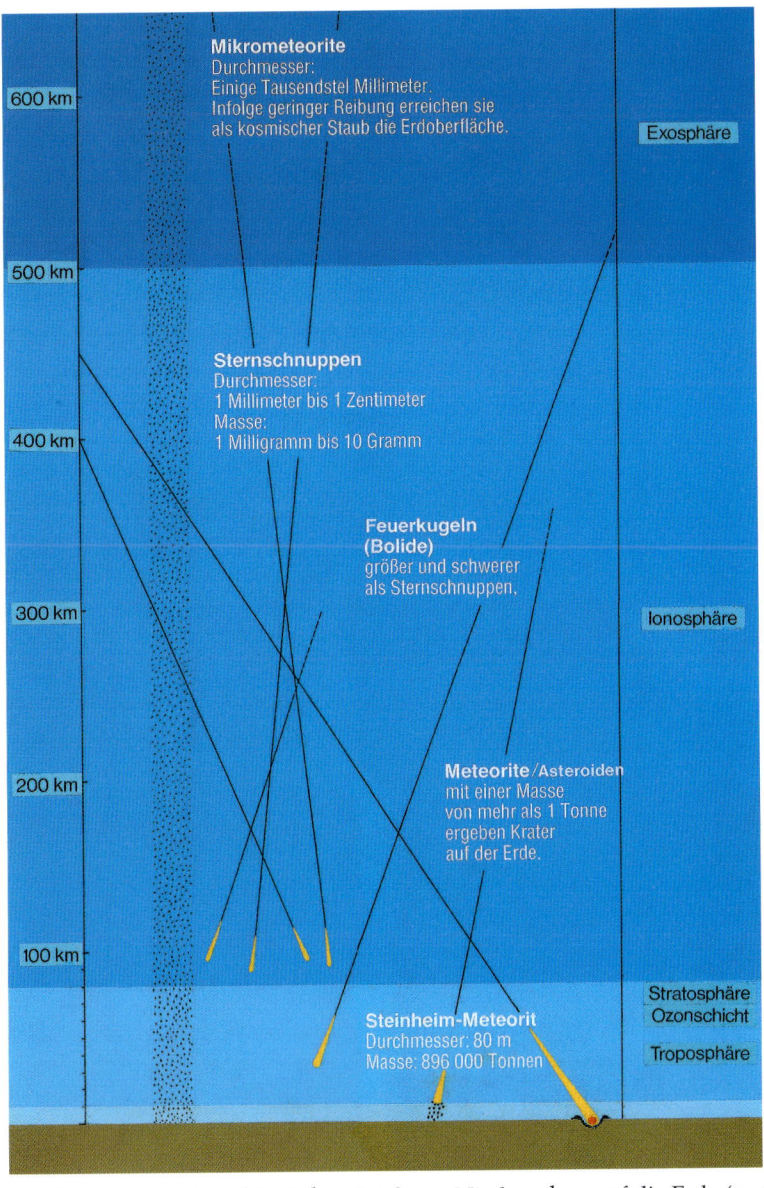

Abb. 17. Kosmische Körper unterschiedlicher Größe im Niedergehen auf die Erde (nach Reiff 1978).

Abb. 18. Eisenmeteorit vom Barringer-Krater in Arizona mit Schmelznarben an der Oberfläche. Länge: 14 cm.

Die Meteorite dürften überwiegend Bruchstücke von Asteroiden sein. Es wird angenommen, dass ein Teil der Asteroide von zerbrochenen kleinen Planeten (Planetoiden) stammt. Die Asteroiden bewegen sich zwischen den Planeten Mars und Jupiter auf Bahnen um die Sonne, im sogenannten Asteroidengürtel. Es sind jedoch auch Meteorite bekannt geworden, die vom Mars und vom irdischen Mond stammen. Sie wurden beim Einschlag großer Asteroiden aus deren Oberfläche abgesprengt und so weit ins All geschleudert, dass sie in den Bereich der Erdanziehungskräfte gelangten.

Nach der stofflichen Zusammensetzung werden drei Klassen von Meteoriten unterschieden: Eisenmeteorite, Steinmeteorite und Stein-Eisen-Meteorite. Entsprechend dem Aufbau vieler Planeten in Kern, Mantel und z.T. auch Kruste (s. S. 16), stellen die Steinmeteorite den Hauptanteil (fast 80 %) aller gefundenen Meteorite. Dabei ist zu berücksichtigen, dass größere Steinmeteorite nach dem Eintritt in die Atmosphäre in kleinere Stücke zerbrechen können. Steinmeteorite fallen in der Natur nicht so auf wie Eisenmeteorite und verwittern auch leichter als diese. Sie bestehen aus Silikatmineralen, vor allem aus Olivinen, Augiten und Hornblenden sowie Feldspäten. Der überwiegende Teil der Steinmeteorite sind Chondrite, bestehend aus einer feinkristallinen Grundmasse, die kleine Silikatkügelchen, die Chondren, umschließt.

Eisenmeteorite sind auffälliger als Steinmeteorite und erreichen die Erde bisweilen in größeren Brocken, da sie nicht so leicht zerbrechen wie letztere. Ihr Anteil an den Meteoriten beträgt ungefähr 20 %. Die Oberfläche ist fast immer von rundlichen Vertiefungen, den Schmelznarben, bedeckt (Abb. 18). In der Atmosphäre wird der Körper durch die Reibung so stark erhitzt, dass seine Oberfläche anschmilzt und dabei oxidiert. Beim Auftreffen auf die feste Oberfläche der Erde, wird diese schalige Oxidationshaut meist abgesprengt. Ihre kleinen Bruchstücke findet man z.B. als »iron shale« in der Umrandung des Meteorkraters in Arizona. Die Eisenmeteorite bestehen fast vollständig aus metallischem Nickeleisen, wobei der Nickelgehalt ungefähr 6-12 % beträgt. Das Meteoreisen ist kristallisiert. Die Kristalle lassen sich sichtbar machen, indem man das Meteoreisen anschleift, poliert und

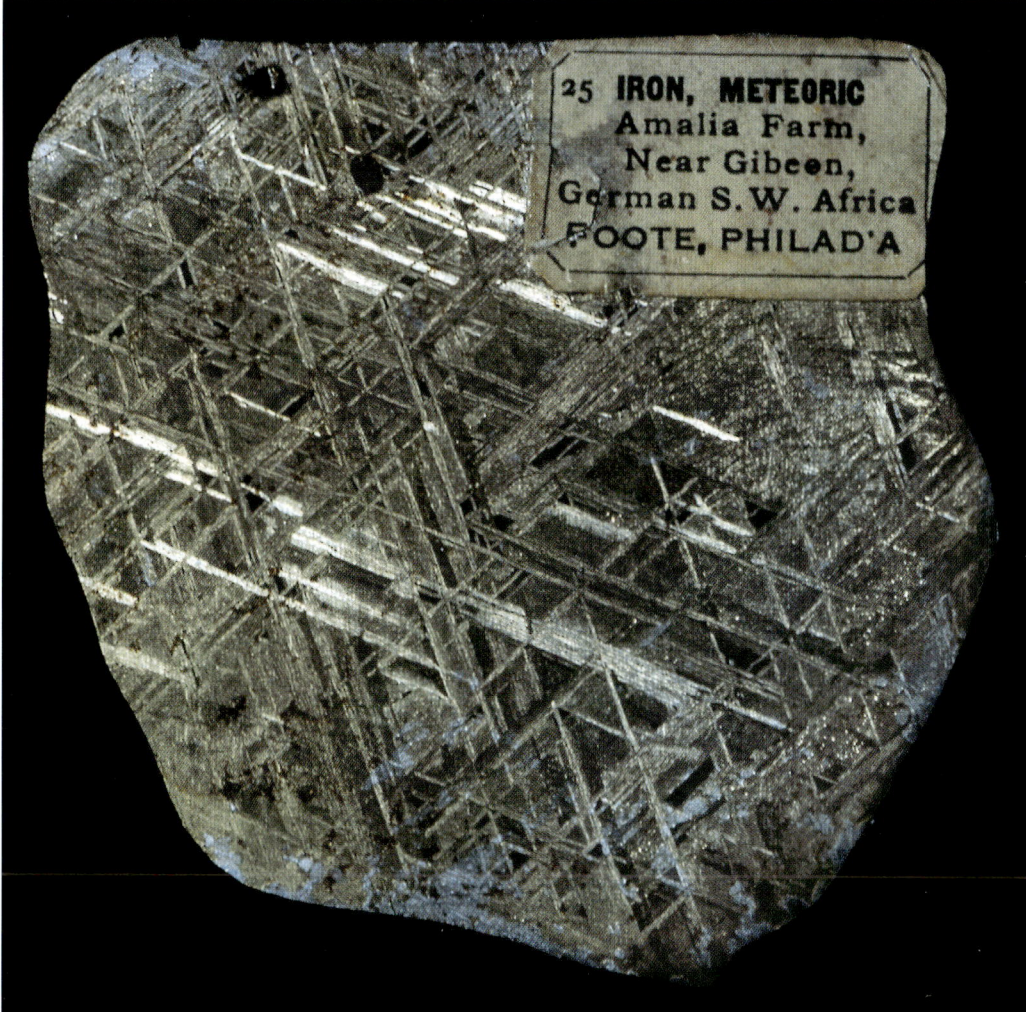

Abb. 19. Meteoreisen, Amalia Farm bei Mukerop (Gibeon), Bethanien, Deutsch-Südwest-Afrika (Namibia). Polierte und dann mit verdünnter Salpetersäure angeätzte Scheibe eines Oktaedrits mit dadurch sichtbar gemachten Widmannstättenschen Figuren. Breite: 7 cm.

dann mit Salpetersäure anätzt. Auf diese Weise werden die sogenannten Widmannstättenschen Figuren sichtbar (Abb. 19), die einen Lamellenbau aus Balken von nickelarmem und von nickelreichem Eisen zeigen. In der Füllmasse zwischen den Balken sind kleinste Kristalle von nickelarmem und nickelreichem Eisen miteinander verwachsen. Die Widmannstättenschen Figuren, nach ihrem Entdecker Aloys B. Edler von Widmannstätten (1753–1849), treten bei irdischen Eisenverbindungen nicht auf, so dass sie zum Erkennen von Meteoreisen dienen können.

Der größte bekannte Meteorit auf der Erde wiegt etwa 60-70 Tonnen. Es ist der 1920 auf der Hoba Farm bei Grootfontein im ehemaligen Deutsch-Südwestafrika, dem heutigen Namibia, entdeckte und nach ihr benannte Eisenmeteorit (Abb. 20). Andere große Eisenmeteorite wurden in Grönland und beim Arizona-Krater gefunden.

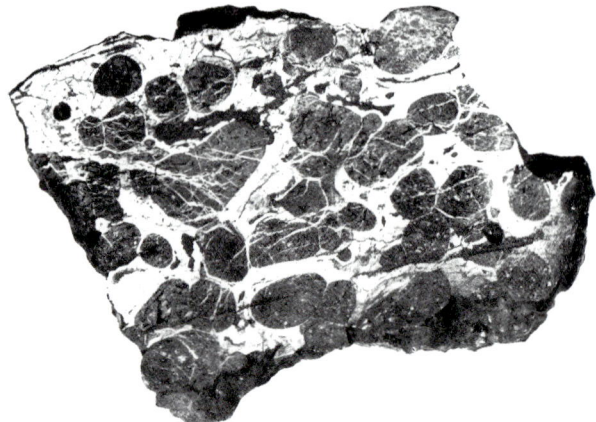

Abb. 20. Der etwa 9 m³ große Hobameteorit in Namibia ist ein nickelreicher Ataxit (82 % Eisen, 16 % Nickel, 0,76 % Kobalt sowie geringe Anteile weiterer Elemente).

Abb. 21. Pallasit, Stein-Eisen-Meteorit, Olivinkörner schwimmen in Nickeleisen.

Stein-Eisen-Meteorite enthalten etwa jeweils zur Hälfte, jedoch voneinander getrennt, Silikatminerale und Nickeleisen. Dabei können Zentimeter große Olivinkörner im Nickeleisen schwimmen (Abb. 21), oder Nickeleisen ist in meist kleinen Klumpen in eine Grundmasse aus Silikatmineralen eingebettet. Die Stein-Eisen-Meteorite werden nach dem deutschen Naturforscher in russischen Diensten Peter Simon Pallas (1741–1811) Pallasite genannt. Die Pallasite stammen wahrscheinlich aus dem Übergangsbereich von einem Planetenkern zum Planetenmantel.

Kosmische Geschosse – Wie entsteht ein Meteorkrater?

Kosmischer Staub

Die Erde wird ständig von kosmischem Staub bombardiert. Seine Partikel sind so klein, dass sie die Atmosphäre ganz allmählich durchsinken. Ihre Masse und ihre Geschwindigkeit sind so gering, dass sie nicht erhitzt und folglich nicht verbrannt werden. Jeden Tag gelangen schätzungsweise mehr als 100 t kosmischen Staubs auf die Erde. Das entspricht der Ladung von vier Güterwagen.

Meteore, Meteoride, Meteoriten, Asteroiden

Nicht alle kosmischen Körper, die in das Schwerefeld der Erde gelangen, erreichen deren Oberfläche. Partikel von der Größe eines Stecknadelkopfes bis zu der einer kleinen Walnuss werden durch die Reibung in der Atmosphäre so erhitzt, dass sie bereits in einer Höhe von ungefähr 130 Kilometern verglühen. Sie werden vom Beobachter des nächtlichen Himmels als Sternschnuppen erkannt. Die von kosmischen Körpern beim Durchgang durch die Atmosphäre erzeugten Lichterscheinungen nennt man Meteore. Meteore, die heller als selbst die Planeten leuchten, werden Feuerkugeln oder Boliden genannt. Es handelt sich dabei um bis zu fußballgroße Körper.

Kosmische Körper von 100 kg bis 10 t Masse (Meteoride) werden in der Atmosphäre so stark abgebremst, dass ihre Leuchtspuren wieder erlöschen und die verbleibende Masse als dunkler Körper (Meteorit) nur mit Fallgeschwindigkeit auf der Erde auftrifft. Dabei entsteht lediglich ein verhältnismäßig kleiner Einschlagtrichter. Häufig zerplatzen in die Atmosphäre eingedrungene Körper in Höhen zwischen 30 und 12 km, sodass regelrechte Meteoritenschauer niedergehen. Ihre Einschlagstellen bedecken ein ellipsenförmiges Areal. Aus Rußland, Mexiko, China und Australien sind derartige Streuellipsen bekannt. Beträgt die Masse eines Meteoriten mehr als 10 t, dann wird er nicht mehr vollständig abgebremst. Der Steinheimer Meteorit oder richtiger Asteroid mit einem Gewicht von angenommenen 0,9 Megatonnen (Mt; 1 Mt = 1 000 000 t) schlug nahezu ungebremst in die Erdoberfläche ein, d.h. mit einer Geschwindigkeit, die theoretisch zwischen etwa 11 und 73 km pro Sekunde gelegen haben könnte.

Kometen

Kometen bestehen aus Materiebrocken und Eis (Wasser, Methan, Kohlendioxid und Ammoniak in festem Zustand). Kometen können Durchmesser von 1-100 km aufweisen und kommen in großer Anzahl weit außerhalb unseres Sonnensystems vor. Erst im Einflussbereich der Sonne erhalten sie ihr typisches Aussehen, indem sich durch Verdampfen des Eises eine Gas- und Staubhülle, die Koma, um den Kometenkern bildet. Bei weiterer Annäherung an die Sonne entwickelt sich dann ein Schweif, der viele Millionen Kilometer lang sein kann und stets von der Sonne abgewandt ist.

Meteor-, Meteoriten-, Einschlag- oder Impaktkrater

Ein solcher Krater entsteht, wenn ein Asteroid oder ein Kometenkern mit hoher Energie die feste Oberfläche der Erde trifft und in sie eindringt. Die Bezeichnung Meteorkrater geht auf die Benennung des ersten sicher erkannten Einschlagkraters eines kosmischen Körpers, auf den Meteorkrater in Arizona (Barringer-Krater, Arizona-Krater) zurück. Die Bezeichnung ist insofern nicht ganz richtig, weil der Krater nicht durch die Lichterscheinung, den

Meteor, sondern durch den kosmischen Körper entstanden ist. Die Bezeichnung Meteorkrater ist aber seit Jahrzehnten eingeführt. Die kosmischen Körper können beim Eintritt in die Atmosphäre in einzelne Stücke zerbrechen und dann mehrere Einschlagkrater bilden.

Kosmische und irdische Dimensionen

Die Größe eines Einschlagkraters ist vor allem von der Masse und der Geschwindigkeit des kosmischen Körpers, in geringem Maße auch von den geologischen Verhältnissen am Ort des Einschlags, abhängig. Die Masse ist durch die Größe und das spezifische Gewicht des Körpers gegeben. Die Einschläge können durch Asteroiden oder durch Kometenkerne verursacht werden. Asteroiden bestehen wie bereits dargelegt (s. S. 24), aus Eisen, Eisen und Gestein oder aus Gestein. Das spezifische Gewicht nimmt in dieser Reihenfolge ab und ist bei Kometenkernen am geringsten. Nimmt man an, dass der Steinheimer Asteroid wie der Ries-Asteroid aus Gestein bestand, dann betrug sein spezifisches Gewicht ungefähr 3 g/cm^3. Bei einem Durchmesser von 80-100 m ergibt sich ein Volumen von 270 000-525 000 m^3 und damit eine Masse von 0,81-1,6 Megatonnen (Mt).

Für die Schautafel im Museum wurde eine Masse von 0,9 Mt angenommen. Wollte man diese Menge mit Güterwagen, die eine Ladekapazität von 21 t besitzen, befördern, dann wären 42 860 Waggons nötig. Bei der Länge eines Güterwagens von 10 m hätte ein Zug mit diesen Wagen eine Länge von fast 430 km.

Die Geschwindigkeit ist von vielen Faktoren abhängig. Asteroiden treffen die Erde mit Geschwindigkeiten zwischen ca. 11 und 73 km/s, je nachdem, ob sie mit oder gegen die Erdbewegung und -drehung auf ihr einschlagen. Für den Steinheimer Asteroiden lässt sich nach der Wahrscheinlichkeit eine Geschwindigkeit von 20 bis 25 km/s annehmen. Ein Flugkörper mit der Geschwindigkeit von 25 km/s würde die Entfernung von 500 km zwischen Stuttgart und Paris in 20 Sekunden zurücklegen (Abb. 22). Große Körper werden durch die Atmosphäre der Erde nur wenig abgebremst. Manche Kometen, z.B. aus der Oortschen Wolke, können mit Geschwindigkeiten von >73 km/s auftreffen.

Geschwindigkeitsvergleich (Abb. 22):

	Geschwindigkeiten km/s	km/h	Benötigte Zeit Stuttgart – Paris (500 km)
Asteroid	25	90 000	20 Sek.
Weltraumrakete	10,86	39 096	46 Sek.
Flugzeug	0,74	2664	11 Min. 16 Sek.
Rennauto	0,09	324	1 Std. 33 Min.

Die Bewegungsenergie (kinetische Energie) eines Körpers lässt sich nach der Formel Energie ist gleich dem halben Produkt aus der Masse des Körpers und seiner Geschwindigkeit im Quadrat ($E = \frac{1}{2} m v^2$) berechnen. Sie wird beim Einschlag im Bruchteil einer Sekunde in Druck und Wärme umgewandelt. Kennt man die Art des kosmischen Körpers nicht, dann ist jede Kombination von Größe, Dichte und Geschwindigkeit möglich (Abb. 23). So könnte z.B. ein kleiner, schneller, sehr dichter Körper (Eisenmeteorit) theoretisch einen gleich großen Krater erzeugen wie ein größerer, aber langsamerer, dichter Körper oder ein sehr großer, schneller Körper von geringer Dichte (Kometenkern). Daraus ergibt sich, dass fast

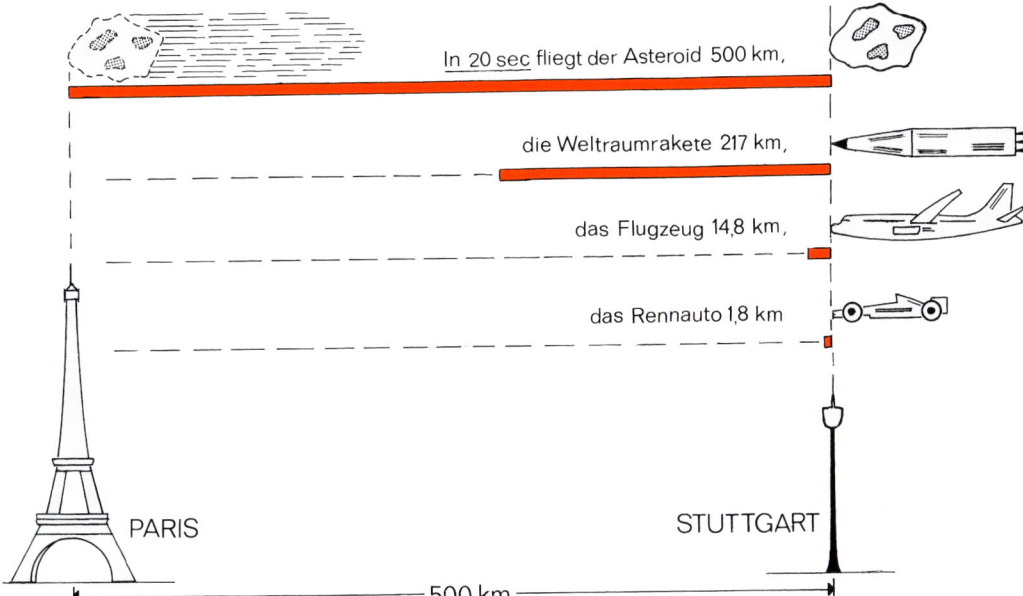

Abb. 22. Vergleich der Geschwindigkeiten und zurückgelegten Strecken eines Asteroiden oder Meteoriten mit denen einer Weltraumrakete, eines Flugzeugs und eines Rennautos (nach Reiff 1978).

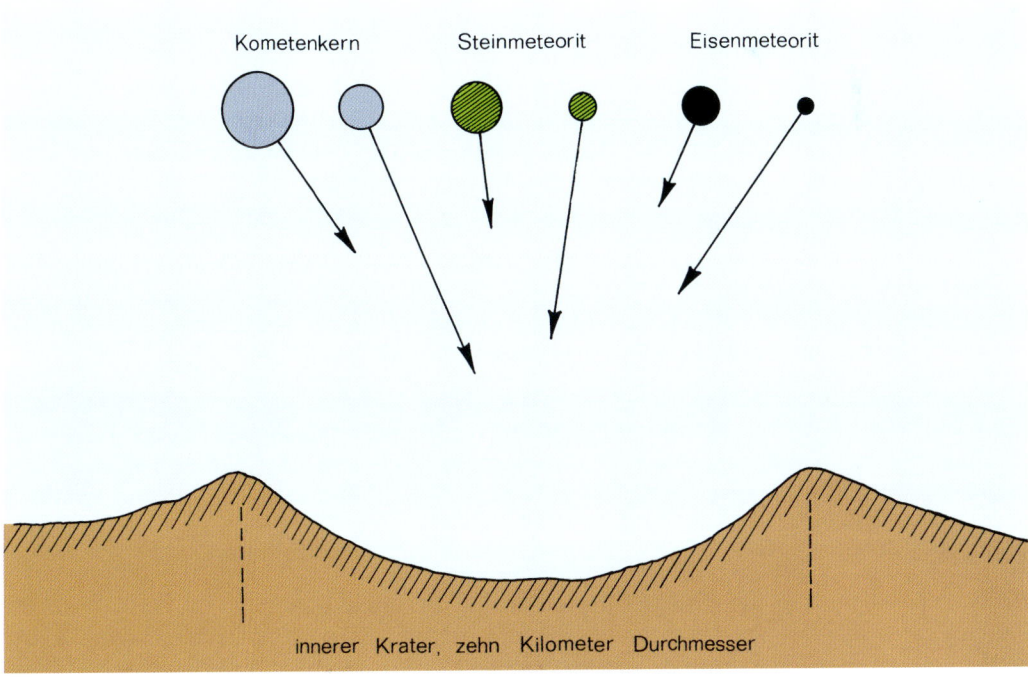

Abb. 23. Gleichwertige Einschläge kosmischer Körper. Beispiele von maßstäblich zum Krater dargestellten Einschlagkörpern mit durch die Länge der Vektoren angedeuteten Einschlagsgeschwindigkeiten von 20 bis 60 km/s. Sämtliche Beispiele würden etwa zu derselben Kraterdimension führen (nach David 1969).

alles, was wir über den kosmischen Körper, der den Steinheimer Krater geschaffen hat, wissen, auf Annahmen und Überlegungen beruht, die allerdings jede für sich fundiert sind.

Die Energie, die notwendig war, den Steinheimer Krater auszusprengen, beträgt ungefähr $2,8 \times 10^{17}$ Joule. Dies entspricht 77,8 Milliarden Kilowatt-Stunden (kWh). Damit könnte die Gemeinde Steinheim ihren Strombedarf (1992: 24,4 Millionen kWh) 3200 Jahre lang decken.

Einschlagkrater auf Mond und Erde

Im Gegensatz zur Erde ist die Oberfläche unseres Mondes von zahllosen Einschlagkratern kosmischer Körper bedeckt (Abb. 24). Obwohl bereits 1895 der Direktor des U. S. Geological Survey, G. K. Gilbert, die Ansicht äußerte, dass die Mondkrater durch die Einschläge von Meteoriten erzeugt wurden, hielt man jedoch allgemein die sichtbaren Krater noch weit ins 20. Jahrhundert hinein für Zeugen vulkanischer Tätigkeit. Der Meteorologe und Geophysiker Alfred Wegener (1880–1930) war in Deutschland 1919 einer der ersten, der die Entstehung der Mondkrater auf die Einschläge von Meteoriten zurückführte. Da der Mond keine Atmosphäre besitzt, erzeugen auf Mondgesteinen selbst Mikrometeorite noch Krater (Abb. 25). Hätte auch die Erde keine Atmosphäre, würde ihre Oberfläche ähnlich aussehen. Tatsächlich war sie in der Anfangszeit vor rund 4,5 Milliarden Jahren ebenfalls mit Impaktkratern übersät.

Anders als der Mond bildete die Erde eine Atmosphäre, die gegen kleinere Körper wie ein Schutzschild wirkte und noch immer wirkt. Außerdem entstand schon in der Erdurzeit Wasser auf der Erde. Damit war die Voraussetzung für den Kreislauf von Abtragung und Ablagerung gegeben. Dadurch sind im späteren Verlauf der Erdgeschichte die meisten Krater verschwunden. Viele Krater aus der Frühzeit der Erde sind durch Aufschmelzung bei Krustenbewegungen beseitigt worden. Da die Ozeane 70 % der Oberfläche unseres Planeten einnehmen, haben sicher die meisten Einschläge kosmischer Körper das Meer getroffen, doch sind diese naturgemäß nur schwer nachweisbar.

Bislang wurden auf der Erde rund 160 Impaktkrater entdeckt (Abb. 26). Bei 74 Kratern sind sichere Belege wie Meteoreisen oder Strahlenkegel (s. S. 60) vorhanden. Durch diese Indikatoren sowie durch die rundliche Form der Krater, durch eine charakteristische Zertrümmerung der Gesteine und durch das Auftreten typischer Mineralumwandlungen sind die meisten Impaktkrater entdeckt oder nachgewiesen worden.

Größe und Struktur eines Kraters sind von der Masse und der Einschlagsgeschwindigkeit des kosmischen Körpers sowie – untergeordnet – von den geologischen Gegebenheiten an der Einschlagstelle abhängig. Nach Erscheinungsbild und innerem Aufbau unterscheidet man einfache und komplexe Krater.

Einfache Krater

Einfache Krater haben eine schüsselförmige Gestalt. Sie sind kleiner und im Verhältnis zum Durchmesser tiefer als komplexe Krater. (Beim Einschlag kleiner Meteorite entstehen keine Krater sondern nur Einschlagröhren oder -trichter). Die maximalen Durchmesser einfacher Krater betragen in Sedimentgesteinen normalerweise ungefähr 2 km, in härteren, kristallinen Gesteinen etwa 4 km, doch gibt es vereinzelt auch einfache Krater mit wesentlich größeren Durchmessern. Beispiele für einfache Krater sind:

Abb. 24.
Mit Einschlagkratern übersäte Vorderseite der Mondoberfläche.

Abb. 25.
links: Kleine Glaskugel vom Mond (Apollo 15) mit einem durch den Aufprall eines Mikrometeoriten entstandenen Einschlagkrater.
rechts: Vergrößerter Ausschnitt des im linken Bild deutlich sichtbaren Kraters (Aufnahmen von J. Arndt und D. Schumann mit dem Rasterelektronenmikroskop in Reiff 1976).

Abb. 26. Weltweite Verbreitung der nachgewiesenen Einschlagkrater kosmischer Körper (Stabenow 2002 nach Griewe 1991).

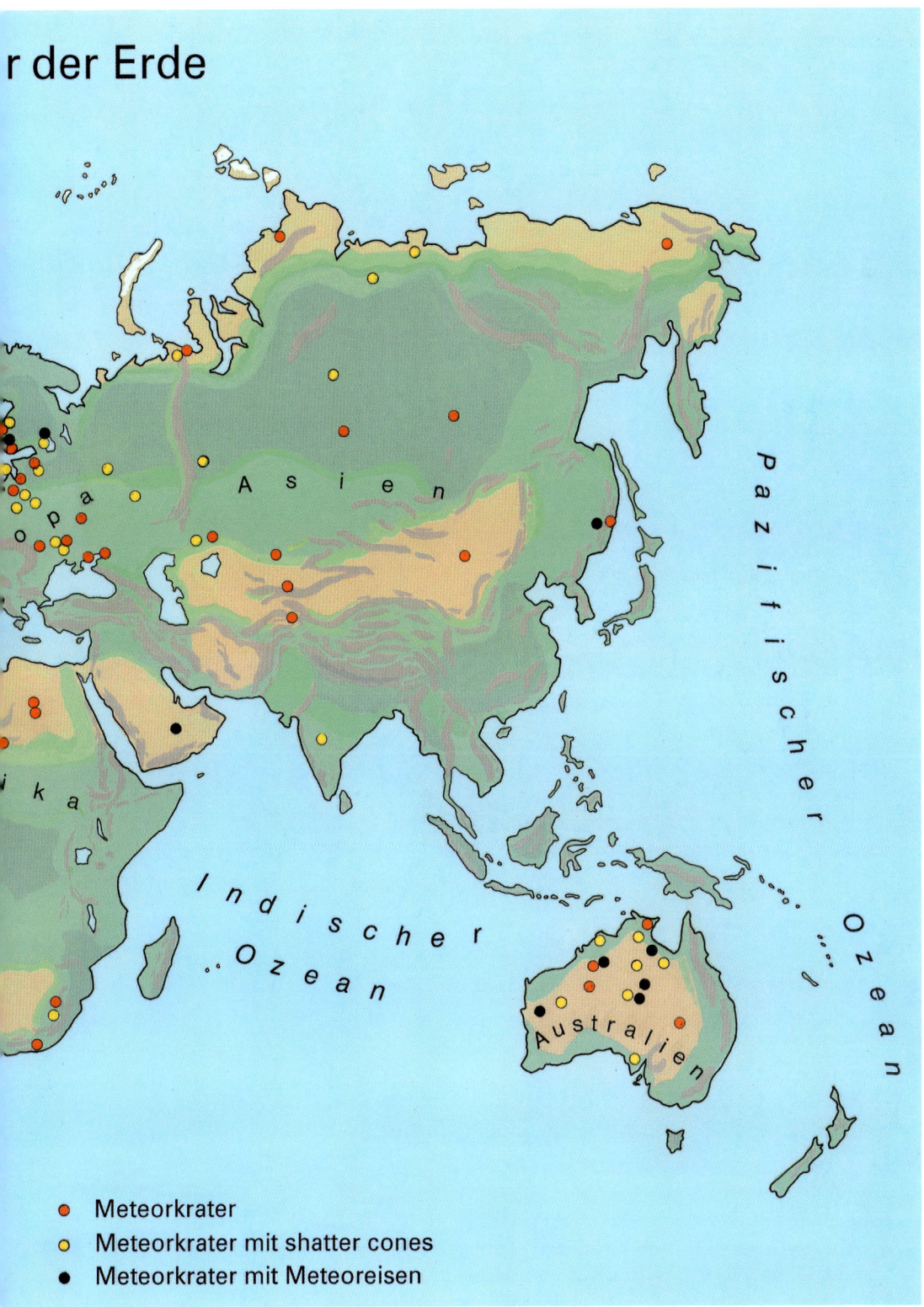

Abb. 27. Meteor- oder Barringer-Krater in Arizona.

Abb. 28. Wolf-Creek-Krater in Westaustralien.

- der Meteor-, Barringer- oder Arizona-Krater in USA. Er ist etwa 45 000 Jahre alt und durch den Einschlag eines Asteroiden aus Eisen entstanden. Der Krater hat einen Durchmesser von 1,2 km und besitzt einen Ringwall (Abb. 27)
- der Wolf-Creek-Krater in Westaustralien. Er ist etwa 300 000 Jahre alt und ebenfalls durch den Einschlag eines Asteroiden aus Eisen entstanden. Er hat einen Durchmesser von etwa 850 m und besitzt einen Ringwall (Abb. 28)
- der New-Quebec- oder Chubb-Krater in Kanada. Der Krater wurde nach seinem Vorkommen und nach seinem Entdecker benannt. Er hat ein Alter von etwa 5 Ma. Sein Durchmesser beträgt 3,2 km. Er besitzt noch die Reste eines Ringwalls (Abb. 29).

Komplexe Krater

Werden die vom Gestein abhängigen, oben angegebenen Maximaldurchmesser überschritten, dann entstehen komplexe Krater. Sie sind relativ flacher als die einfachen Krater und besitzen einen zentralen Hügel oder ringförmige Erhebungen im Inneren des Kraters.

Beispiele für komplexe Krater mit Zentralhügel bieten:
- das Steinheimer Becken, das vor rund 15 Ma entstanden ist. Der Steinheimer Krater hatte einen Durchmesser von ungefähr 3,5 km und eine Tiefe von rund 200 m.
- der Krater Gosses Bluff im Northern Territory von Australien ist ungefähr 140 Ma alt. Von dem Krater ist nur noch der Zentralhügel von 4,5 km Durchmesser erhalten. Dieser hat in der Mitte eine Vertiefung, weil dort Gesteine anstehen, die leichter verwittern und

Abb. 29. New-Quebec- oder Chubb-Krater in Kanada.

Abb. 30. Gosses Bluff im Northern Territory in Australien. Zentrale Erhebung als sichtbarer Rest des gesamten Kraters.

    abgetragen werden als die randlichen. Gosses Bluff zeigt also nicht den gesamten Krater, sondern nur den Zentralhügel, bei dem durch die Abtragung die Unterschiede der Gesteinsbeschaffenheit herausgearbeitet wurden, d.h. es wurde selektiv erodiert (Abb. 30).
- der West Clearwater Lake in Kanada, mit einem Durchmesser von ungefähr 32 km und einem Alter von etwa 290 Ma. Der Krater liegt in kristallinem Gestein und besitzt einen Zentralhügel, der wie bei Gosses Bluff nach der Widerstandsfähigkeit des Gesteins abgetragen wurde, so dass er im Luftbild wie der Innere Ring im Ries erscheint (Abb. 78).

Bei sehr großen Kratern kommt es zur Bildung von Ring- und Multiringstrukturen. Eine Ringstruktur zeigt z.B.:
- das Nördlinger Ries mit einem aus kristallinem Grundgebirge bestehenden Inneren Ring von rund 12 km Durchmesser und einem Alter von 15 Ma. Der Durchmesser dieses Kraters beträgt 24 km. Die Ringstruktur ist allerdings oberflächlich nicht ohne weiteres zu erkennen, da sie weitgehend unter jüngeren Ablagerungen begraben ist (Abb. 74).

Multiringstrukturen sind bei einigen Mondkratern sehr schön zu erkennen. Wie bei manchen irdischen Kratern sind auch dort vom Rand Gesteinsschollen in den Krater geglitten.

Die kraterübersäte Mondoberfläche zeigt die ganze Skala der möglichen Typen von Einschlagkratern, vom nur mikroskopisch sichtbaren Krater auf einem Stück Mondgestein (Abb. 25) bis zu den Großkratern wie dem Mare Imbrium mit rund 1000 km Durchmesser (Abb. 24).

Geschichte der geologischen Erforschung des Steinheimer Beckens

Der heutige Wissensstand berechtigt zu der Aussage, dass das Steinheimer Becken durch den Einschlag eines kosmischen Körpers gebildet wurde. Dieses Wissen ist aber erst allmählich gewachsen. Über rund 150 Jahre hinweg machten sich Naturforscher und interessierte Laien Gedanken über die Entstehung des Steinheimer Beckens. Die Erklärungsversuche spiegeln den jeweiligen Stand der geologischen Erkenntnis und das Vorstellungsvermögen der einzelnen Forscher wider. So erfahren wir hier auch ein Stück Wissenschaftsgeschichte.

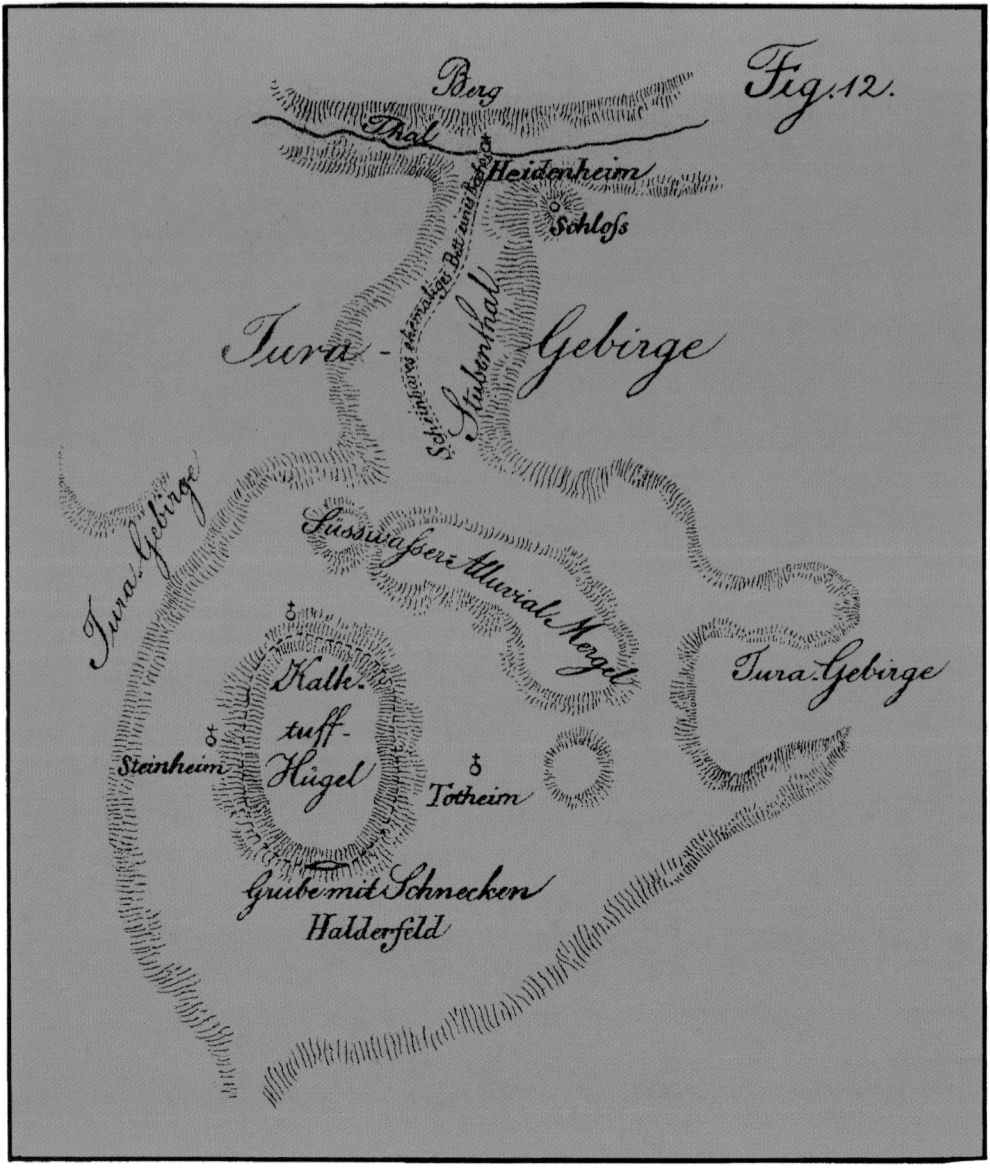

Abb. 31. Geognostische Skizze des Steinheimer Beckens von Ami Boué (nach Boué 1829).

Beginn der Erforschung

Die Schneckensande aus Steinheim erregten schon zu Beginn des 18. Jahrhunderts die Aufmerksamkeit einiger Naturforscher. Doch erst mehr als hundert Jahre später machte man sich auch Gedanken über die ungewöhnliche Gestalt des Steinheimer Beckens und dessen Entstehung. Die erste schriftlich dokumentierte Betrachtung unter geologischen Gesichtspunkten stammt von Ami Boué aus dem Jahr 1824. Der in Hamburg geborene Boué (1794–1881, Abb. 32), Abkömmling eingewanderter Hugenotten, war Arzt und Privatgelehrter. Er promovierte an der schottischen Universität Edinburgh. Weitere Studien in Paris, Berlin und Wien sowie ausgedehnte, langjährige Reisen durch Europa ließen ihn immer mehr zum Geologen oder – wie man damals sagte – zum Geognosten werden.

Boué deutete das Becken als einen Erosions- oder Ausräumungskessel, in dem die Schneckensande und andere Seeablagerungen dafür zeugten, dass hier im Tertiär lange Zeit ein See das Becken erfüllte, der später die Umrandung aus Jurakalken zum Stubental hin durchbrach und zur Brenz ausfloss (Abb. 31).

Sedimentationstheorie

Die erste amtliche geognostische Kartierung des Königreichs Württemberg im Maßstab 1 : 50 000 begann 1859 und noch im selben Jahr wurde auch mit Blatt Heidenheim angefangen. Der Zentralhügel im Steinheimer Becken wurde allerdings erst 1865 von Jakob Hildenbrand (1826–1904, Abb. 33), einem Zeugweber und angelernten Hilfsgeognosten, kartiert (Abb. 34). Er hat dabei festgestellt, dass im gleichen Niveau wie der höhere Weiße Jura, der das Becken umgibt, Schichten des unteren Weißen Juras und sogar des Braunen Juras vorhanden sind. Er erklärte sich dies so:

Im Untergrund der zentralen Erhebung, dem Steinhirt und Klosterberg, ragt inselartig das Grundgebirge auf. Auf ihm sind die Sedimente von Trias und Jura in verminderter Mächtigkeit abgelagert worden (Abb. 35). Die jüngsten Glieder des Juras sind hier, sofern sie überhaupt zur Ablagerung gelangten, sogleich wieder abgetragen worden.

Abb. 32. Ami Boué (1794–1881).

Abb. 33. Jakob Hildenbrand (1826–1904).

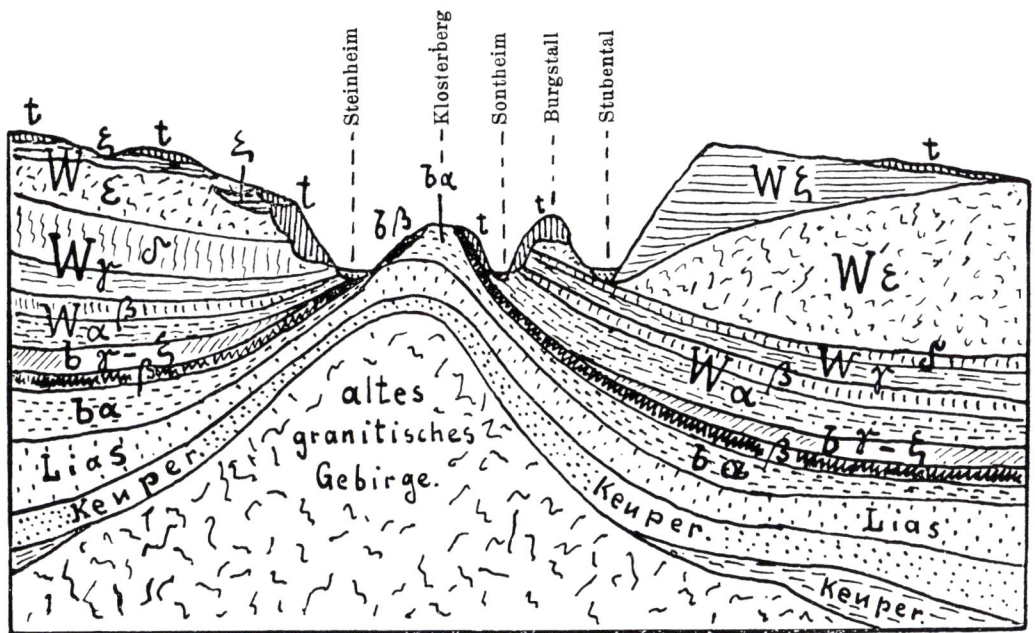

Abb. 35. Geologischer Schnitt (NNW-SSO) durch das Steinheimer Becken von Hildenbrand ca. 1897 (nach Kranz 1924).

Lakkolithentheorie

Angeregt durch die zahlreichen Zeugen früherer vulkanischer Tätigkeit im Bereich der mittleren Schwäbischen Alb und im Hegau und durch die Kenntnis der vulkanischen Maare in der Eifel führte der Pfarrer und Geognost Theodor Engel (1842–1933, Abb. 36), ein Schüler des Tübinger Paläontologen und Geologen Friedrich A. Quenstedt (1809–1889, Abb. 37), die Entstehung des Steinheimer Beckens auf vulkanische Kräfte zurück. Er stellte sich vor, dass im Untergrund aufgedrungenes Magma, also lavaähnliches, aufgeschmolzenes Tiefengestein, die Gesteinsschichten angehoben hätte, dann aber ohne die Oberfläche erreicht zu haben, erkaltete. Dabei hätte sich das Volumen des Magmas verkleinert und wäre – so den Steinheimer Kessel bildend – in sich zusammengesunken.

Abb. 36. Theodor Engel (1842–1933).

◁ **Abb. 34.** Geognostische Karte des Klosterbergs im Steinheimer Tertiärbecken von Hildenbrand 1868 (nach O. Fraas 1868).

Es lag nahe, bei der Entstehung des Beckens vulkanisches Wirken in Betracht zu ziehen, da ein erster Blick von seinem Rand durchaus Ähnlichkeiten zu einigen erloschenen Vulkanen aufwies. Nicht selten treten im Bereich des Kraterbodens von Vulkanen nochmals Eruptionen auf, die im Krater erneut einen Vulkankegel aufbauen. Dieser neue Vulkan kann sich im Zentrum erheben, wie im Gunung Batur auf Bali, Indonesien, oder mehr am Rand wie im Crater Lake in Ontario, USA (Abb. 38). Die Aufnahme vom Crater Lake gibt eine Vorstellung, wie der Steinheimer Krater während eines Seestadiums, etwa zur steinheimensis-Zeit, ausgesehen haben könnte. Da im Steinheimer Becken jedoch vulkanisches Material fehlt, wurde die Idee vom Kryptovulkanismus geboren.

Abb. 37. Friedrich August Quenstedt (1809–1889).

Abb. 38. Crater Lake in Oregon, USA.

Abb. 39. Wilhelm Branco (1844–1928). **Abb. 40.** Eberhard Fraas (1862–1915).

1898 widmeten sich die Professoren Wilhelm Branco (1844–1928, Abb. 39) und Eberhard Fraas (1862–1915, Abb. 40) intensiv der Entstehung des Steinheimer Beckens. Branco war Nachfolger von Quenstedt auf dem Lehrstuhl für Mineralogie und Geologie in Tübingen. Fraas, ebenfalls Paläontologe und Geologe, wirkte als Konservator am Königlichen Naturalienkabinett in Stuttgart. Im Zentrum des Steinheimer Beckens waren ältere Gesteinsschichten des Juras offenbar nach oben verlagert worden. Außerdem waren die Gesteine des Juras im Zentrum und am Rand des Beckens so stark zerrüttet, dass beide Wissenschaftler zu dem Schluss kamen, diese Erscheinungen könnten nur auf vulkanische Kräfte zurückgeführt werden. Allerdings wurde nirgends vulkanisches Material gefunden. Sie erklärten sich dies – wie schon von Pfarrer Engel angedeutet – mit einem im Untergrund steckengebliebenen Magma, einem Lakkolithen, und schufen dafür den Begriff des verborgenen Vulkanismus, des Kryptovulkanismus (Abb. 41).

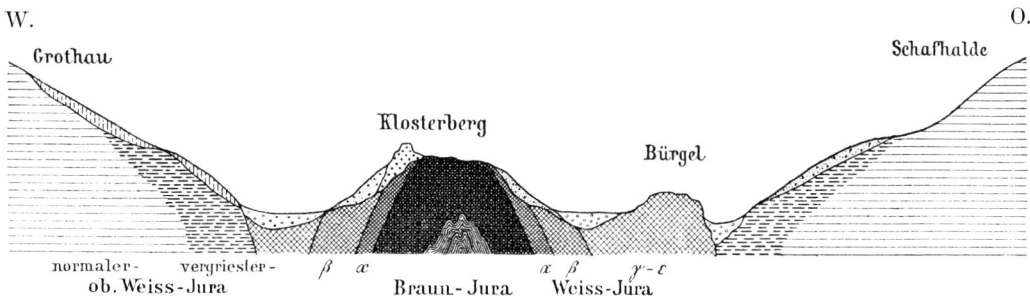

Abb. 41. Geologischer Schnitt (W-O) durch das Steinheimer Becken (nach Branco & Fraas 1905).

Sprengtheorie

Die Sprengtheorie wurde von Walter Kranz (1873–1953, Abb. 42) entwickelt. Kranz war Pionier- und später Ingenieuroffizier, studierte aber nebenbei an verschiedenen Universitäten Geologie und Paläontologie und promovierte bei Eduard Suess. 1919 trat der Major a. D. als Landesgeologe in den württembergischen Staatsdienst. Seit 1911 beschäftigte er sich mit der Entstehung des Nördlinger Rieses und des Steinheimer Beckens. Auf Anregung des Geographen Albrecht Penck (1858–1945) baute er ein Modell des Rieses, in dem er eine Sprengladung zündete. Tatsächlich zeigte das Modell nach der Explosion gewisse strukturelle Ähnlichkeiten mit dem Ries. Auf dem Modell fußend entwickelte Kranz ab 1912 für das Steinheimer Becken folgende Hypothese: Ein nicht bis zur Oberfläche aufgedrungenes Magma heizte das Karstwasser im unteren oder mittleren Weißen Jura so auf, daß eine Wasserdampfexplosion erfolgte, die einen flachen Krater aussprengte. Eine zweite Explosion durch erhitztes Grundwasser im Schwarzen Jura hätte dann den Zentralhügel des Steinhirt-Klosterbergs geschaffen (Abb. 43). Die Sprengtheorie unterscheidet sich also dadurch von der Lakkolithentheorie, dass die Bildung des Beckens und des Zentralhügels nicht durch Anhebung der Gesteinsschichten durch einen Lakkolithen, teilweises Zurücksinken der Schichten infolge Abkühlung des Magmas und durch Erosion, sondern durch Wasserdampfexplosionen verursacht wurden. Der Lakkolith im Untergrund ist aber als »Heizer« auch für die Sprengtheorie Vorraussetzung.

Abb. 42. Walter Kranz (1873–1953).

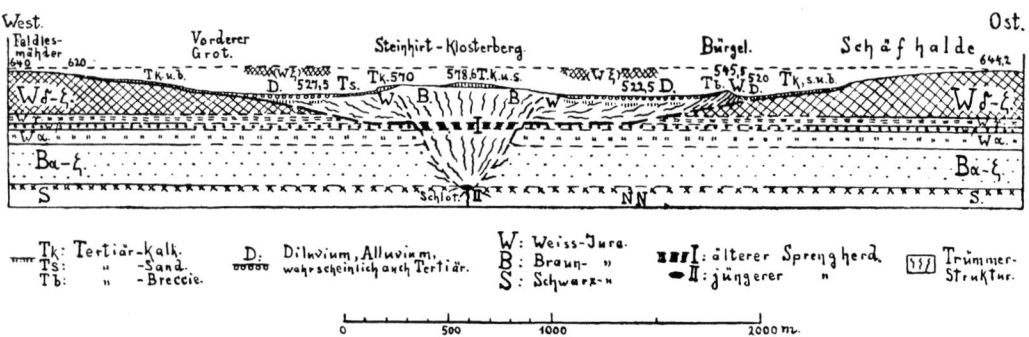

Abb. 43. Geologischer Schnitt durch das Steinheimer Becken (nach Kranz 1924).

Einschlag- oder Impakttheorie

Bereits 1936 bekräftigte der Freiberger Geologe Otto Stutzer (1881–1936, Abb. 44), nachdem er den Meteorkrater in Arizona gesehen hatte, die schon 1904 von Werner und 1933 von Herbert P. T. Rohleder geäußerte Vermutung über die meteoritische Entstehung des Steinheimer Beckens mit der lapidaren Feststellung, dass das Nördlinger Ries und das Steinheimer Becken wie der Meteorkrater in Arizona durch den Einschlag eines kosmischen Körpers entstanden seien. Den gegen seine Ansicht erhobenen Einwänden vermochte er jedoch nicht zu begegnen, da er kurz danach starb. Wenig später verhinderte der Ausbruch des Zweiten Weltkriegs und die Nachkriegszeit eine weitere Beschäftigung mit dieser Fragestellung.

Der deutschstämmige, amerikanische Geophysiker und Geologe Robert S. Dietz (1914–1995, Abb. 45) kam 1957 nach Stuttgart, um gemeinsam mit dem Zweigstellenleiter des Geologischen Landesamts Baden-Württemberg, Fritz Weidenbach (1901–2000), das Steinheimer Becken zu besuchen und Strahlenkalke aufzusammeln. Er hatte bereits in den USA und in anderen Ländern Strukturen untersucht, in denen Strahlenkegel oder shatter cones, wie sie international heißen, vorkommen und die nach dem Vorbild des Steinheimer Beckens als kryptovulkanisch angesehen wurden. Dietz erkannte, dass shatter cones durch hohe Drücke entstanden sind, wie sie bei den Einschlägen kosmischer Körper entstehen. Er konnte auf diese Weise Strukturen als frühere Einschlagkrater nachweisen, die keine Anzeichen von Vulkanismus aufweisen und bei denen die äußeren Hinweise auf einen Einschlagkrater im Laufe der Erdgeschichte beseitigt worden waren, z.B. die Sudbury-Struktur in Kanada. So vermutete er auch für Steinheim eine solche »Entstehung«. Vom Nördlinger Ries waren damals noch keine Strahlenkegel bekannt. Der erste shatter cone wurde dort 1970 von Weidenbach bei einer Exkursion des Oberrheinischen Geologischen Vereins im Kristallin bei Meyers Keller gefunden.

Abb. 44. Otto Stutzer (1881–1936).

Abb. 45. Robert S. Dietz (1914–1995).

Abb. 46. Paul Groschopf (1909–2000).

Abb. 47. Winfried Reiff (* 1930).

Abb. 48. Bohrgerät im Einsatz. Links im Vordergrund Dr. Groschopf bei der Probennahme.

Parallel zu den schon laufenden Untersuchungen im Nördlinger Ries begannen Paul Groschopf (1909–2000, Abb. 46) und Winfried Reiff (* 1930, Abb. 47) vom Geologischen Landesamt Baden-Württemberg 1964 das Steinheimer Becken durch Meißel- und Kernbohrungen sowie mittels geophysikalischer Messungen zu untersuchen (Abb. 48, 49). Bereits in den ersten Bohrproben konnten durch das Mineralogische Institut der Universität Tübingen (Wolf von Engelhardt und Mitarbeiter) an Quarzkörnern aus der Primären Beckenbrekzie (s. S. 57, 64) Deformationsstrukturen (»Planare Elemente«) nachgewiesen werden. Sie sind typisch für Einschlagskrater kosmischer Körper. Der endgültige Beweis für die Entstehung des Steinheimer Beckens konnte 1970 durch eine 603 m tiefe Bohrung in der Mitte des Zentralhügels erbracht werden. Die Druckbeanspruchung der aus den Bohrproben ausgeschlämmten Quarzkörner nahm mit der Tiefe ab. Bei kryptovulkanischer Entstehung müsste es umgekehrt sein, da dann der

Druck von unten und nicht von oben stärker gewesen wäre. Damit konnte die von Werner, Rohleder, Stutzer und Dietz vertretene Impakttheorie endlich bewiesen werden.

Die Theorien zur Entstehung des Steinheimer Beckens im Überblick

Wandel der Deutung	Autoren	Ursache	Dauer	Zeitstellung
Sedimentationstheorie 1865 bis 1900	J. Hildenbrand	exogene Kräfte	evolutionärer langdauernder Ablauf	im Mesozoikum
Hinweis 1881	T. Engel	Vulkanismus		im Tertiär
Lakkolithentheorie ab 1905	W. Branco & E. Fraas	endogene Kräfte		im Tertiär
Explosionstheorie ab 1914	W. Kranz		revolutionäres kurzfristiges Ereignis	im Tertiär
Hinweis 1936 Hinweis 1959	O. Stutzer R. S. Dietz	Impakt		im Tertiär
Impakttheorie ab 1966	P. Groschopf & W. Reiff			im Tertiär

Die wichtigsten Belege für die Impakttheorie im Steinheimer Becken

Neben der für einen komplexen Einschlagkrater typischen Beckenform und -struktur untermauern folgende Belege die Entstehung des Steinheimer Kraters durch den Einschlag eines Meteoriten:

- zertrümmertes Gestein des Weißen Juras
- Strahlenkalke oder Strahlenkegel (shatter cones)
- Subparallele Schockbrüche
- gestörte Schichtenfolge im Zentralhügel
- schräg einfallende Bankkalke am Kraterrand
- Brekzien aus Gesteinstrümmern älterer Juragesteine im Krater
- zerbrochene Jura-Fossilien
- durch Stoßwellen veränderte Quarzkörner

Abb. 49.
S. 46: Das Steinheimer Becken mit der Lage der wichtigsten Bohrungen (Luftbild).
S. 47: Karte vom Steinheimer Becken mit den Bohrpunkten. Der Krater weicht in Richtung ONO von der Kreisform ab. Möglicherweise schlug der Asteroid, von WSW kommend, schräg ein. In Richtung ONO liegt das Ries.

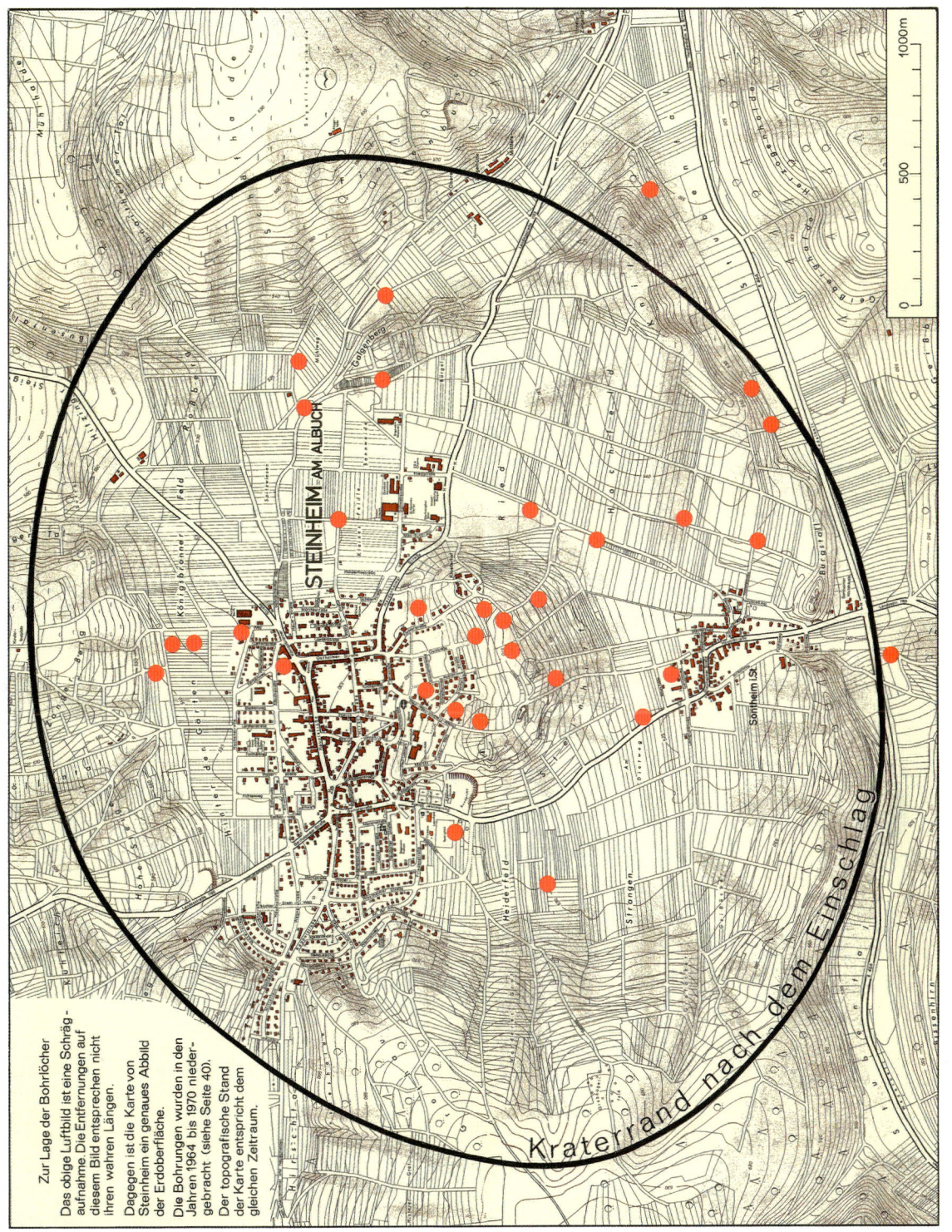

Der Steinheimer Meteorkrater

Zum besseren Verständnis des komplizierten Vorgangs der Kraterbildung mussten für die Darstellung im Museum einige der ineinander greifenden Vorgänge aus Gründen der Anschaulichkeit separat erklärt werden.

Im Auftreffgebiet des Steinheimer Asteroiden standen Gesteine des Mittleren Weißen Juras, an, überwiegend geschichtete Kalksteine und Mergelsteine. In diese drang der Asteroid vermutlich 300-400 m tief ein. Dabei durchlief ihn und das von ihm getroffene Gestein eine Stoßwelle. Der Asteroid wurde verdichtet und schmolz durch die hohe Temperatur, die bei der Umwandlung seiner Bewegungsenergie in Druck und Wärme entstanden war. In dem Augenblick als die Stoßwelle den Asteroiden durchlaufen hatte, explodierte der Körper und schoss in einer pilzförmigen Gaswolke nach oben. Auch das unmittelbar getroffene Gestein wurde so hoch erhitzt, dass ein Teil samt dem darin vorhandenen Wasser verdampfte, wobei auch Gesteinsstaub mitgerissen wurde (Abb. 84). Die Stoßwelle lief im Bruchteil einer Sekunde weiter durch das Gestein bis sie in einiger Entfernung vom Zentrum an Energie verlor und in eine normale Kompressionswelle überging. Durch die Stoßwelle und in der Folge von ihr wurde das Gestein stark verdichtet. Die Verdichtung dauerte also noch an, als die Stoßwelle das Gestein bereits durchlaufen hatte. Sie nahm aber an Intensität mit zunehmender Entfernung vom Ausgangspunkt ab. Durch Verdichtung und ballistischen Auswurf von Gesteinen entstand vorübergehend eine 1000-1200 m tiefe parabolische Hohlform. Bei der explosionsartigen Auswurfphase wurden die zuvor besonders stark verdichteten und zertrümmerten Gesteine unter dem Einschlagzentrum hoch in den Luftraum über dem Krater geschleudert. Die geschilderten, komplexen und sich zeitlich überschneidenden Vorgänge dürften nur wenige Sekunden gedauert haben. Die hochgeschleuderten Gesteine zerbrachen in kleinere Teile und wurden durchmischt, bevor sie in den Krater zurückfielen und dort die Primäre Beckenbrekzie (s. S. 57) bildeten.

Durch Entlastung der komprimierten Gesteinsschichten entstand ein flacher Krater, dessen Boden sich zur Mitte hin leicht neigte. Ausgleichsbewegungen führten dann dazu, dass im Zentrum Gesteinsschollen aus der Tiefe und von den Seiten hochgepresst wurden. Sie bildeten den zentralen Hügel (Abb. 50). Auch diese Bewegungen dauerten nur ungefähr 20 Sekunden.

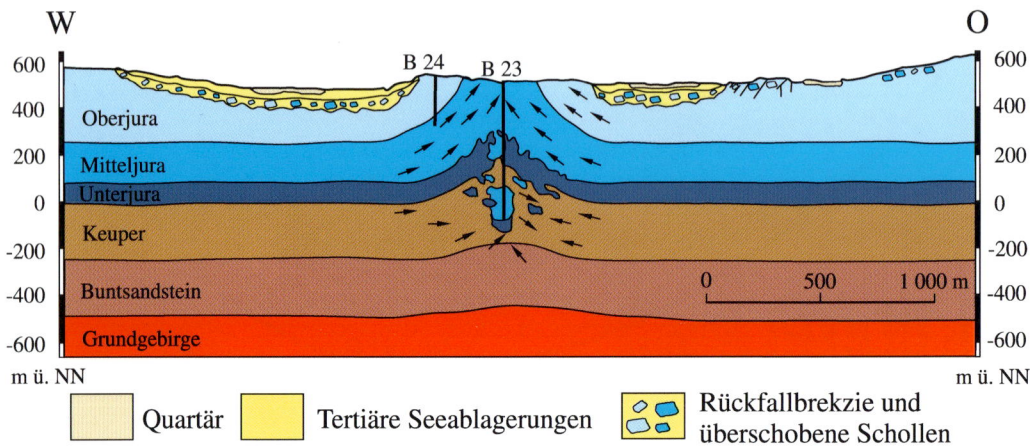

Abb. 50. Geologischer Schnitt (W-O) durch das Steinheimer Becken (nach Reiff & Groschopf 1979).

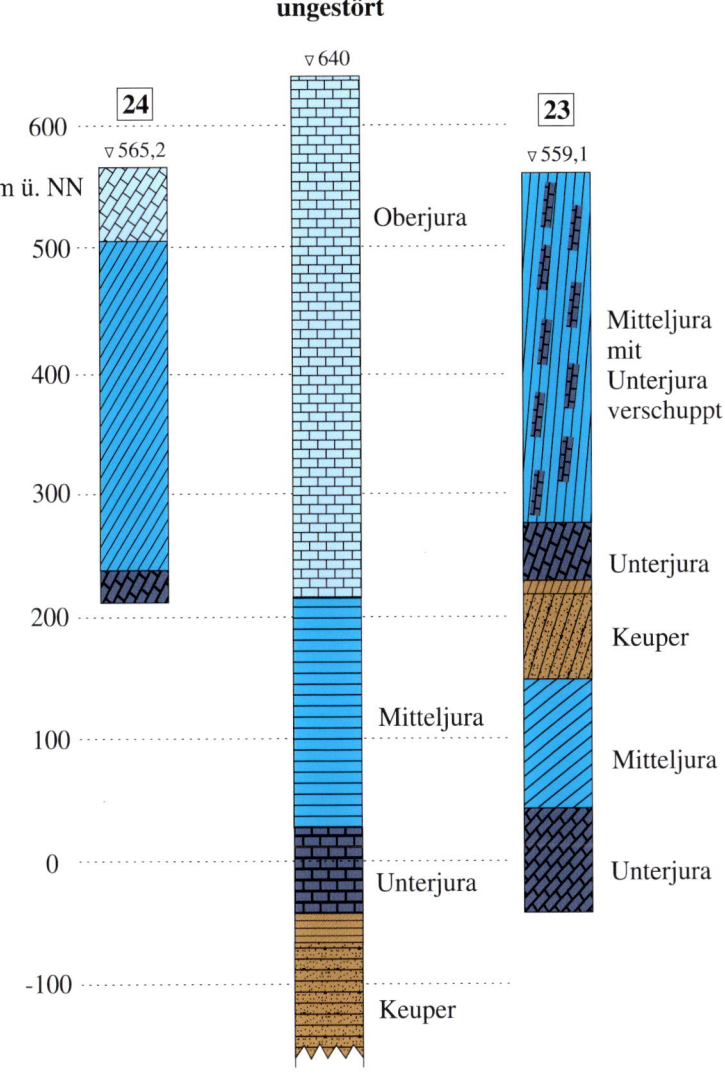

Abb. 51. Vereinfachte Profile der Bohrungen 23 und 24 im Steinhirt-Klosterberg (Reiff 2001 nach Groschopf & Reiff 1971).

Der Zentralhügel

Der zentrale Hügel, der Steinhirt-Klosterberg, hat morphologisch einen Durchmesser von rund 1000 m. Mit Refraktionsseismik wurde ein Durchmesser von 750-850 m gemessen.

Mittlerer und Unterer Weißer Jura bilden – besonders ausgeprägt auf der Nordseite – die Flanken des Zentralhügels und umgeben einen Kern aus Braunem Jura. Die Schichten des Weißen Juras, Kalkstein- und Mergelbänke, sind nach außen, von der Hügelmitte weg, geneigt. Dies gilt auch für die Schichten des Braunen Juras, sofern sie an den Seiten des Steinhirt-Klosterbergs liegen.

Abb. 52. Aufgesägter Kern aus Bohrung 23. Stubensandstein des Keupers, zerschert und schräggestellt.

Abb. 53. Aufgesägter Kern aus Bohrung 23 mit Toneisenstein-Geoden im Opalinuston. Die Geoden wurden durch die Stoßwelle zerbrochen, durch die nachfolgenden Bewegungen auseinandergezogen und dann wieder verfestigt.

Zur Kenntnis über den Aufbau des Zentralhügels in seinem Kern haben besonders zwei Bohrungen, 603 m und 355 m tief, beigetragen (Abb. 51). Die Bohrungen gaben Aufschluss über die Gesteinsfolgen und Hinweise auf die Verstellung der Gesteinsschichten. Dadurch wurde deutlich, dass die Gesteinsschollen bei der Aufwärtsbewegung nicht nur senkrecht und schräg gestellt, sondern auch ineinander geschoben und miteinander verschuppt worden sind. Unter dem Braunen und Schwarzen Jura folgen Mergel und Sandsteine des Keupers. Bei dem weißgrauen Sandstein handelt es sich wahrscheinlich um Stubensandstein, der ungewöhnlich feinkörnig ist. Die Keuperschichten sind sehr steil gestellt. An den Bohrkernen aus dem Sandstein ist gut zu erkennen, wie das Gestein zerschert und gepresst wurde (Abb. 52).

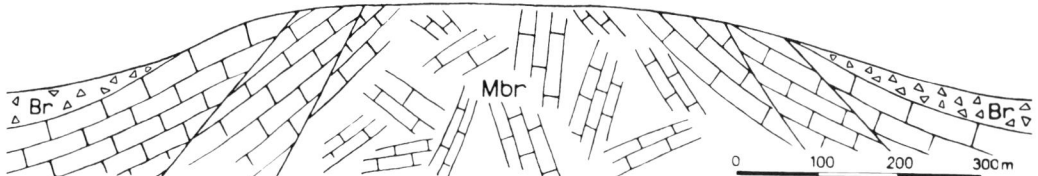

Abb. 54. Schematischer Schnitt durch den Rand des Zentralhügels im Flynn-Creek-Krater in Tennessee, USA. Von der Schollenbrekzie (Mbr – Megabrekzie) fallen die Schichten wie in Steinheim nach außen. Die Flanken des Zentralhügels sind von einer Kraterbrekzie (Br) entsprechend der Primären Beckenbrekzie bedeckt. (nach Roddy 1968).

Unter dem Keuper treten wider Erwarten erneut Gesteine des Braunen und des Schwarzen Juras auf, doch stehen jetzt die Schichten nicht mehr senkrecht, sondern sind mit 40-65° schräggestellt. Es handelt sich überwiegend um Opalinuston. Die Schichten sind deutlich zu erkennen, doch sind sie zerschert und wellig verformt. Im Tonstein enthaltene braune Toneisensteingeoden sind durch die Stoßwelle zerbrochen und brekziiert worden. Dabei wurde ein Teil der Gesteinsbruchstücke durch die Bewegung der Gesteinsschollen auseinandergezogen und zerrieben (Abb. 53). Nahe der Endteufe, zwischen 598 und 603 m, wurden Gesteine des untersten Schwarzen Juras erbohrt. Im Angulatensandstein war ein Strahlenkegel ausgebildet. Das Auftreten von Gesteinen des Braunen und Schwarzen Juras unter denen des Keupers zeigt, dass beim Zusammenprall der Gesteinsschollen in der Mitte des Kraters infolge der Entlastung zwar überwiegend Aufwärtsbewegungen stattfanden, aber durchaus auch Schollen abwärts gepresst werden konnten (Abb. 50, 51).

Baugrubenaufschlüsse und Bohrungen im Bereich des Zentralhügels zeigten, dass er in der Mitte bis in größere Tiefe aus Schollen von Braunem Jura besteht, die z.T. senkrecht, z.T. schräg gestellt und miteinander verschuppt sind. Die Gesteinsschichten des Weißen Juras wurden beim Aufdringen der Braunjura-Schichten mit hochgerissen. Sie liegen vor allem im Nordteil des Zentralhügels, kommen aber in geringerer Ausdehnung auch im Osten und Süden vor. Bedingt durch das stärkste Anheben der Schichten in der Mitte des Hügels fallen die Schichten nach außen.

Ein entsprechender Aufbau des Zentralkegels scheint auch bei anderen Kratern ähnlicher Größe typisch zu sein. Dies ist sehr gut im Flynn-Creek-Krater in Tennessee zu sehen, wo eine Straße den zentralen Hügel anschneidet (Abb. 54). Ein heute verfüllter Steinbruch im Wells-Creek-Krater, ebenfalls in Tennessee, gab Einblick in den dortigen Zentralkegel. Die Brekzie aus großen Gesteinsschollen (Megabrekzie) zeigt gefaltete, überschobene und senkrecht stehende Schichten mit Brekzien auf den Bewegungsflächen (Abb. 55, 56).

Zertrümmerter Weißer Jura am Kraterrand und Kraterboden

Durch den Einschlag des Asteroiden wurden außerhalb des Zentrums geschichtete Kalke des mittleren Weißen Juras in Gesteinsschollen zerlegt und aus dem Inneren des Kraters nach außen und z.T. übereinander geschoben. Dabei wurden die Schichten im Bereich des Kraterrands schräg und senkrecht gestellt, selten auch gefaltet, wie am Burgstall südlich von Sontheim (Abb. 57, 58) oder im Wegeinschnitt am Galgenberg (Abb. 9). Durch gegenseitige Kollisionen zerbrach das Gestein in Stücke unterschiedlicher Größe. Zwischen einzelnen noch unversehrt gebliebenen Schollen wurde das geschichtete Gestein in grob- bis feinstückige Trümmer zerbrochen und z.T. zerrieben. Meist wurden anschließend die Trümmer durch Kalk zu einer Brekzie verkittet (Abb. 59, 60). Durch den Einschlag war

Abb. 55. Ansicht einer Steinbruchwand in der Schollenbrekzie (Megabrekzie) des Zentralhügels im Wells-Creek-Krater in West-Tennessee, USA. Die Schollen sind gefaltet, zerschert, schräg- und senkrecht stehend. Vielfach treten Bewegungsbrekzien auf.

Abb. 56. Anschliff einer Bewegungsbrekzie im Zentralhügel des Wells-Creek-Kraters.

Abb. 57. Wand des ehemaligen Steinbruchs am Burgstall zwischen Steinheim-Sontheim und dem Stubental.

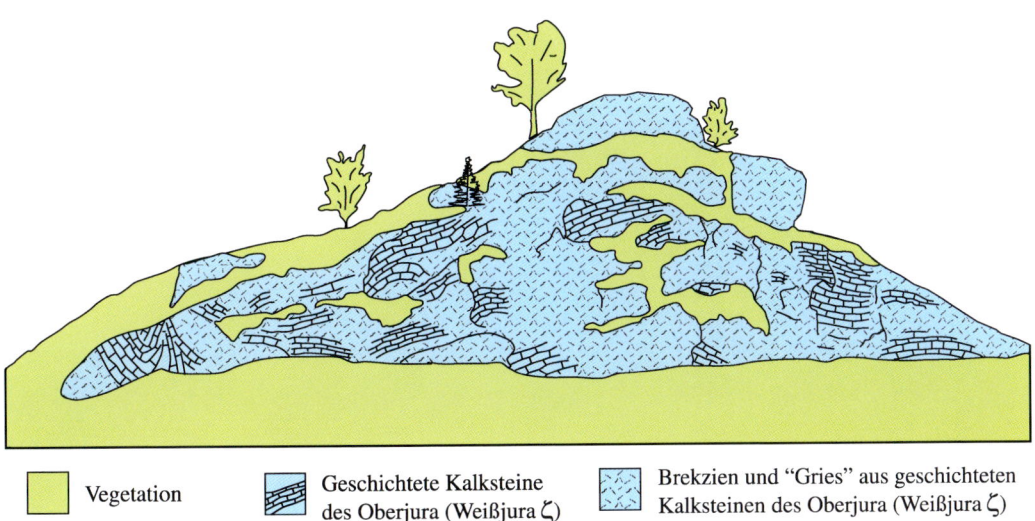

| | Vegetation | | Geschichtete Kalksteine des Oberjura (Weißjura ζ) | | Brekzien und "Gries" aus geschichteten Kalksteinen des Oberjura (Weißjura ζ) |

Abb. 58. Schematische Zeichnung dieses Aufschlusses (nach Reiff & Groschopf 1979).

neben den Gesteinstrümmern auch eine große Menge von Kalkstaub entstanden, der später durch Niederschlagswasser leicht gelöst und als Bindemittel für die Brekzien wieder ausgeschieden wurde. Stellenweise war wohl auch gebrannter Kalk gebildet worden, der bald danach durch Wasser gelöscht und mit Kohlendioxid aus der Luft, als Zement wirkend, abgebunden wurde. In Analogie zu entsprechenden Bildungen im Ries werden die

Abb. 59. Brekzien und Gesteinsschollen aus Liegenden Bankkalken (links oben) am Burgstall.

Abb. 60. Brekzie vom Burgstall. Kleinstückig zertrümmerter und wieder verbackener Weißjurakalk. Breite: 17 cm.

Abb. 61. Burgstall vom Stubental aus gesehen.

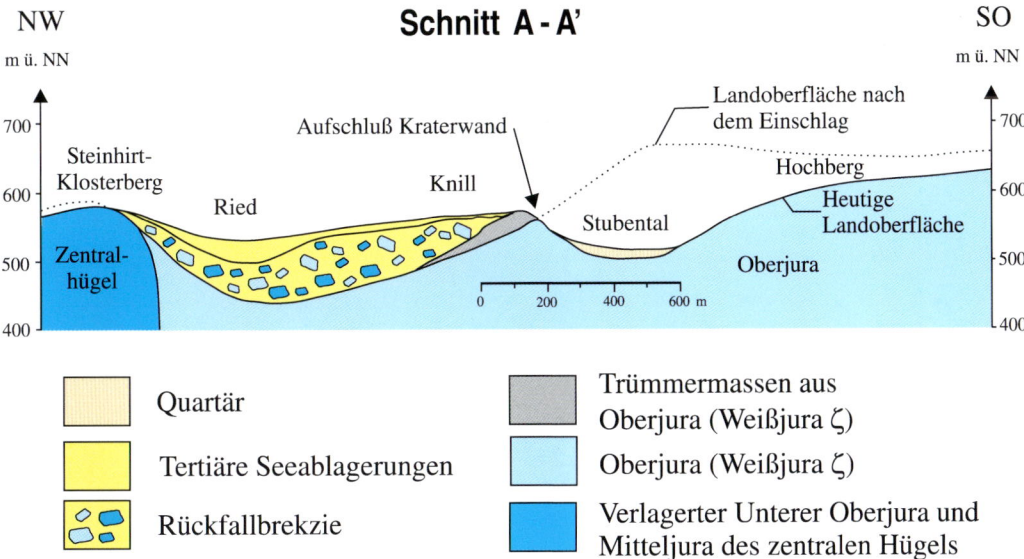

Abb. 62. Geologischer Schnitt durch die südliche Hälfte des ursprünglichen Kraters und des heutigen Beckens sowie des anschließenden Stubentals (s. Abb. 8).

Abb. 63. Bohrkerne aus der »Primären Beckenbrekzie« (Rückfallbrekzie, fall back breccia) aus 78 m Teufe von Bohrung 22. Kalksteine und Tonsteine des Weißen Juras, eisenoolithische Sand- und Kalksteine sowie Tonsteine des Braunen Juras sind durch den Auswurf ungeregelt vermischt worden. Durchmesser der Bohrkerne: je 7 cm.

feinstückigen Brekzien »Gries« genannt. So steht innerhalb des Kraters im Bereich der Kraterwand rundum ein Trümmergestein an, das häufig auf den ersten Blick homogen und massig aussieht (Abb. 61). Es ist aber – das sei nochmals betont – aus Bankkalken, so nennt man die geschichteten Kalke, entstanden und kein Massenkalk. Unter Massenkalk versteht man im mittleren Weißen Jura die ungeschichteten, massigen Kalke, die aus Riffbauten von Blaualgen, Schwämmen und Korallen hervorgegangen sind.

Der Burgstallfelsen am Südrand des Steinheimer Beckens erscheint bei oberflächlicher Betrachtung als Wall des Kraters, doch lag das ihn bildende Gestein innerhalb des Kraters, dessen Rand an dieser Stelle durch die Erosion des Stubentalflusses beseitigt wurde. Der damalige Kraterwall lag rund 150 m höher und weiter südlich über dem Stubental (Abb. 62).

Der Kraterboden im anstehenden Weißen Jura wurde ebenfalls sehr stark zertrümmert. Auch hier sind Brekzien ausgebildet, doch sehen sie anders aus als die am Kraterrand. Sie sind sehr viel feiner. Der Kalkstein ist in kleine Brocken von 1-3 cm bis zu wenigen Millimetern Durchmesser zerbrochen. Diese gröberen Partikel sind in eine Grundmasse aus Gesteinsmehl eingebettet. Der Kalkstein ist demnach nicht nur zerbrochen worden, sondern die Gesteinstrümmer wurden auch bewegt und dabei zerrieben, blieben aber im Schichtverband.

Die Brekzien kommen bis in eine Tiefe von 150 m unter dem Kraterboden vor. Zwischen den Brekzien treten immer wieder Schichtfolgen auf, in denen nur die Zerbrechung des Gesteins feststellbar ist. Dies ist ein Hinweis auf die unterschiedliche Beanspruchung des Gesteins und damit verbunden von Bewegungen im Gesteinskörper.

Primäre Beckenbrekzie

Zwischen dem Zentralhügel und den Trümmermassen am Rand des Kraters liegt auf dem Kraterboden aus Weißem Jura die Primäre Beckenbrekzie. Sie wurde bei Beginn der Untersuchungen so genannt, weil sie zuunterst im Krater liegt. Sie ist eine Rückfallbrekzie (s.u.) und besteht aus Bruchstücken und kleineren Schollen von Gesteinen des Weißen und Braunen Juras. Schwarzer Jura konnte bei den neueren Untersuchungen nicht nachgewiesen werden. Die Ausbildung der Primären Beckenbrekzie ist sehr unterschiedlich. An vielen Stellen sind die Gesteine kleinstückig und gut durchmischt (Abb. 63), doch kommen auch größere Schollen aus einheitlichem Material vor, z.B. am Ostrand des Ortsteils Sontheim. Die Primäre Beckenbrekzie stammt aus dem Zentrum des Kraters. Die Verteilung der Auswurfmassen und damit ihre Mächtigkeit und Zusammensetzung ist ungleich. Im tieferen Teil des Kraters beträgt die Mächtigkeit 20-50 m.

In der Primären Beckenbrekzie sind – wie in Teilen des Zentralhügels – Strahlenkegel häufig (s. S. 60), was nicht verwundert, da sie aus einem Bereich besonders starker Beanspruchung durch die Stoßwelle stammen. Letzteres gilt auch für Quarzkörner mit planaren Elementen, die in einer Probe aus der Primären Beckenbrekzie festgestellt werden konnten (s. S. 64). Die Primäre Beckenbrekzie ist fast überall von tertiären Seesedimenten, an einigen Stellen auch von Hangschutt, überlagert und kann dann nur durch Bohrungen oder tiefe Schürfe erschlossen werden. Wo sie nicht überdeckt ist, kann man sie oft nur an den Strahlenkegeln erkennen, die an der Oberfläche liegen, da die Mergel und Tonsteine tiefgründig verwittert sind.

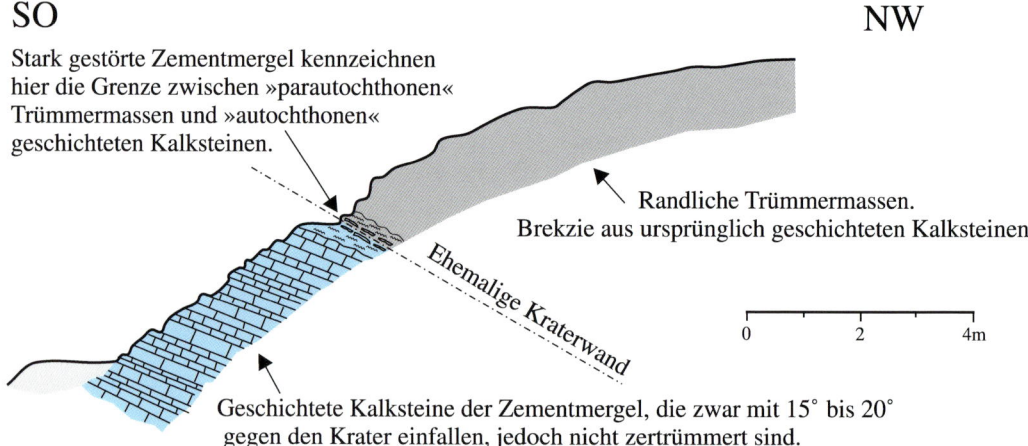

Abb. 64. Knill-Südhang – Kraterwand. Die Neigung der Kraterwand ist mit 25-30° steiler als das Einfallen der geschichteten Kalksteine mit 17-20° (nach Reiff & Groschopf 1979).

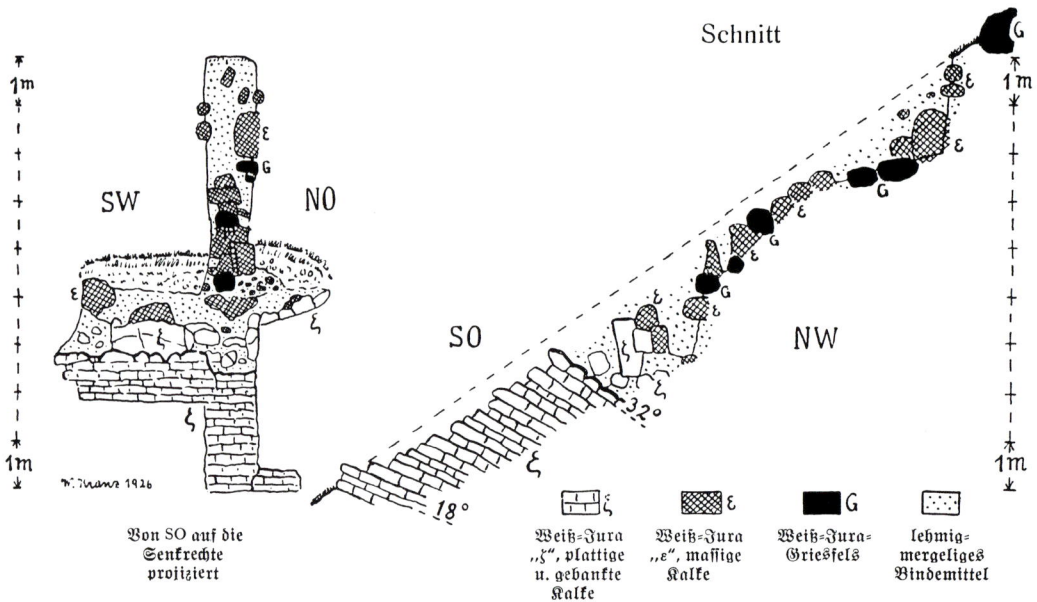

Abb. 65. Knill-Südhang – Kraterwand. Aufschluss von Kranz (1926). Bereits von ihm wurde die in Abb. 64 gezeigte Situation richtig erkannt.

Schräg einfallende Bankkalke am Kraterrand

Die Verdampfung und Aussprengung von Gesteinen im Zentrum des Einschlags führte zu einem Massenverlust. In die entstandene zentrale Hohlform drangen von unten und von der Seite Gesteinsschollen und bildeten den Zentralhügel. Dadurch neigten sich die Gesteinsschichten im unteren Bereich der Kraterwand zum Krater hin. Am Südhang des Knills, einem Teil des linken Stubentalhangs, ist ein Ausschnitt der Kraterwand durch einen Schurf aufgeschlossen (Station 5 des geologischen Wanderwegs). Die Bankkalke fallen mit 15-20° zum Krater ein (Abb. 64). In der Nähe hatte Kranz 1926 ein ähnliches Profil aufgraben lassen (Abb. 65), das aber heute verfüllt ist.

Zerbrochene Jura-Fossilien

Beim Einschlag wurden durch die Stoßwelle mit den Gesteinen auch die in ihnen eingebetteten Fossilien, vor allem Belemniten, zerbrochen. Sie treten in Steinheim hauptsächlich im Zentralhügel auf. Von den Belemniten, die zu den Tintenfischen gehören, ist meist nur das Rostrum, ein Teil ihres Innenskeletts, versteinert erhalten geblieben (Abb. 67). Die Bruchstücke der Belemniten sind oft gegeneinander verschoben und verweisen auf die Scherbewegungen, die bei den Massenverlagerungen im Zentralhügel innerhalb des Gesteins stattgefunden haben. Nach dem Ende der Bewegungen sind die Bruchstücke durch Kalkausscheidungen wieder »verheilt« (Abb. 66).

Abb. 66. Durch die Stoßwelle zerbrochene, durch Sedimentbewegungen in Teilen verschobene und wieder »verheilte« Belemniten aus dem Braunen und Weißen Jura. Die beiden oberen Belemniten haben eine Länge von 8,2 cm, der unterste von 9 cm.

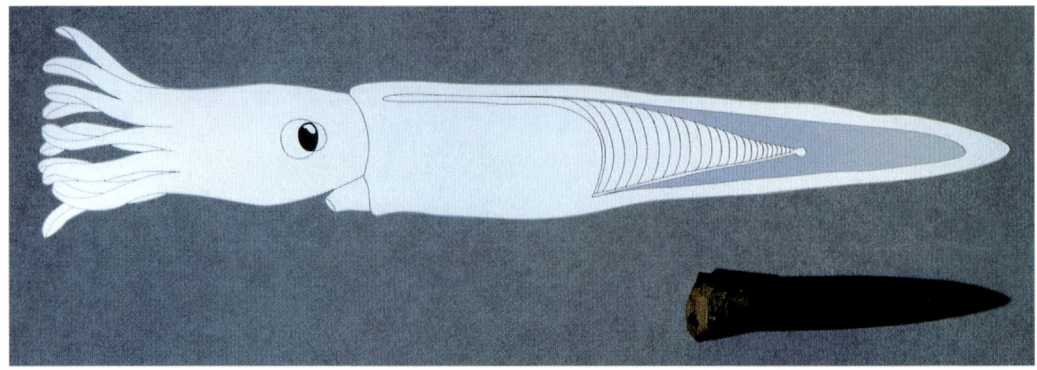

Abb. 67. Schematische Zeichnung eines Belemniten mit sichtbarem Innenskelett. Das dunkel hervorgehobene Rostrum entspricht den versteinerten Belemniten (Abb. 66).

Strahlenkalke oder Strahlenkegel (shatter cones)

Die Einwirkung der Stoßwellen führte in den harten Kalk- und Sandsteinen des unteren Weißen, des Braunen und des Schwarzen Juras zur Bildung von Strahlenkegeln. Es handelt sich um kegelförmige Strukturen, deren Oberflächen pferdeschweifartig gestriemt sind. Diese Strukturen wurden erstmals 1905 durch Branco und Fraas (s. S. 41) als Strahlenkalke beschrieben. Da nicht nur in Kalken auftretend, sprach man späterhin von Strahlenkegeln oder shatter cones. In der Natur treten Strahlenkegel nur im Bereich von Einschlägen kosmischer Körper auf und können zu deren Identifizierung dienen (s. S. 43). Die Achse der Strahlenkegel, die durch die jeweilige Kegelspitze verläuft, ist in primärer Lagerung immer zur Quelle der sich ausbreitenden Stoßwellen gerichtet, also zum Zentrum des Einschlags nahe der ehemaligen Landoberfläche. Da jedoch in Steinheim die Gesteine mit Strahlenkegeln fast nur im Zentralhügel oder in der Primären Beckenbrekzie festgestellt werden können, sind sie alle umgelagert. Die Strahlenkegel treten nicht nur einzeln auf. Manche stehen sich mit der Kegelspitze gegenüber, andere scheinen im rechten Winkel aufeinanderzustoßen (Abb. 68). Strahlenkegel oder shatter cones entstehen bei Drücken zwischen etwa 15 und 200 kbar. Die Striemen an der Oberfläche sind um so feiner, je feinkörniger das Gestein ist. Bei grobkörnigen Gesteinen wie Granit und Gneis sind sie meist grob und nicht immer deutlich ausgeprägt (Abb. 69). Strahlenkegel treten auch in kristallinen Gesteinen des Rieses auf. Nicht in allen Meteorkratern wurden shatter cones nachgewiesen, so z.B. nicht im Barringer-Krater.

Nicht nur Strahlenkegel wurden zum erstenmal in Steinheim festgestellt und 1905 von Branco und Fraas beschrieben, sondern 1979 auch subparallele Schockbrüche von Reiff (Abb. 70).

Geschockte (deformierte) Quarzkörner

Die vom Einschlag ausgehende Stoßwelle hinterließ in den die Gesteine aufbauenden Mineralen Spuren, die nur bei mikroskopischer Untersuchung in Dünnschliffen sichtbar werden. So konnten Deformationsstrukturen (planare Elemente) in Quarzkörnern nachgewiesen werden, die aus Bohrproben von Primärer Beckenbrekzie ausgewaschen wurden. Sie stammen wahrscheinlich von Sandsteinen des Braunen Juras. Bei den planaren Elementen handelt es sich um Scharen paralleler amorpher Lamellen, die bestimmten Kristallebenen des Quarzes zugeordnet sind. Die planaren Elemente sind glatt ausgebildet und meist ist ein Quarzkorn von mehreren Scharen planarer Elemente unterschiedlicher Orientierung

Abb. 68. Strahlenkegel (shatter cones) im Weißjurakalk vom Steinheimer Becken. Der Strahlenkegel rechts unten hat eine Länge von 15 cm.

Abb. 69. Shatter cones in kristallinem Gestein des Sudbury-Kraters in Ontario, Kanada.

Abb. 70. Subparallele Schockbrüche. Kalksteine des Unteren und Mittleren Weißen Juras aus der Primären Beckenbrekzie am Südrand von Sontheim zeigen unregelmäßige Lamellen. Diese Lamellen treten sonst nirgendwo im Weißen Jura auf. Sie sind durch die Stoßwelle verursacht worden. Ähnliche Brüche zeigt einer der Belemniten (Abb. 66 oben). Die lange Zeit nicht beachtete Lamellenbildung kann in besonderen Fällen zur Identifizierung eines Einschlagkraters herangezogen werden. Natürliche Größe.

Abb. 71. Planare Elemente in einem Quarz (Gesteinsdünnschliff).

durchsetzt. Planare Elemente können auch in anderen Mineralen, z.B. Pyroxen oder Feldspat auftreten (Abb. 71). Sie entstehen im Quarz bei Drücken zwischen ungefähr 100 und 300 Kbar. Sie können aber nicht durch statischen Druck erzeugt werden, sondern treten nur bei einer dynamischen Druckverformung auf, wie sie durch eine Stoßwelle hervorgerufen wird. Daher sind die planaren Elemente ein wichtiger Beleg für die Impakttheorie. Darüber hinaus zeigten Quarzkörner aus dem Keupersandstein der tiefsten Bohrung keine planaren Elemente mehr. Sie sind nur zerbrochen und manche Bruchstücke wie Keile in die darunter liegenden Körner getrieben. Die Druckbeanspruchung nahm demnach von oben nach unten ab, was auch beweist, dass der Druck durch den Impakt und nicht durch vulkanisches Geschehen zustande kam.

Im Nördlinger Ries treten Veränderungen in Quarzkörnern auf, die noch wesentlich höhere Drücke erfordern: Diaplektisches Glas, Coesit und Stishovit (s. S. 66). Diese durch die Stoßwelle erzeugten Hochdruckmodifikationen fehlen in Steinheim, da hier in der relevanten Druckzone mit Drücken bis 450 Kbar keine Sandsteine vorhanden waren.

Arizona-Krater, Nördlinger Ries und Steinheimer Becken

Der Meteorkrater in Arizona und das Ries haben mehr als andere Einschlagkrater kosmischer Körper zur richtigen Deutung des Steinheimer Beckens als Meteorkrater beigetragen. Deshalb sollen diese Krater etwas ausführlicher dargestellt werden.

Der Meteor- oder Barringer-Krater in Arizona

Der Krater wurde vor ungefähr 50 000 Jahren durch den Einschlag eines Eisenmeteoriten geschaffen (Abb. 27). Aufgrund seines »jugendlichen« Alters und der Lage in einer trockenen Halbwüste sind der Krater und die Bruchstücke des Meteoriten sehr gut erhalten geblieben. Ein Chemiker, Mineraloge und Mineralienhändler in Philadelphia, Albert. E. Foote, hatte 1891 den Krater besucht und zahlreiche Stücke von Meteoreisen aufgesammelt und untersucht. Er hat die Bruchstücke von Meteoreisen als »Canyon Diablo Meteorite« beschrieben und vertrieben. Er benützte den Namen der Posthalterei, die den Fundstellen am nächsten lag. Auch eine Erosionsrinne, die westlich am Krater und an der früheren Posthalterei vorbeiführt, sowie die Region, in welcher der Krater liegt, nicht aber der Krater selbst, tragen diesen Namen.

Der Meteor-Krater wurde 1905 von Daniel Moreau Barringer (1860–1929), einem Juristen und Bergbauingenieur in Philadelphia, erstmals genauer beschrieben. Er hatte die zwei Quadratmeilen, in denen der Krater liegt, erworben und dann im Krater mit Hilfe von Bohrungen und Schächten nach der Hauptmasse des Meteoreisens gesucht, um dieses bergmännisch für wirtschaftliche Zwecke zu gewinnen.

Abb. 72. Arizona-Krater, Nordwestrand mit Meteorkrater-Museum (rechter Bildrand) und Aussichtsplattform.

Man hat errechnet, dass der Meteorit einen Durchmesser von etwa 30 m und ein Gewicht von ungefähr 150 000 t hatte. Der schüsselförmige, einfache Krater, den er bildete, wurde aus flach liegenden Sedimentgesteinen des Erdmittelalters und Erdaltertums ausgesprengt. Die Abweichungen von der Kreisform sind durch tektonische Störungen bedingt (Abb. 27, 72). Der Krater wurde für wissenschaftliche Zwecke mit mehr als 170 Bohrungen und durch geophysikalische Messungen untersucht, sodass man auch eine gute Vorstellung über die Auswirkungen des Einschlags unterhalb und seitlich des Kraters hat. In Quarzen des permischen Coconino-Sandsteins, der im unteren Teil des Kraters ansteht, entdeckte man 1960 Coesit, 1962 Stishovit. Beide Hochdruckmodifikationen des Quarzes waren zuvor nur durch Laborversuche und nach atomaren Sprengversuchen bekannt geworden. Sie gaben Hinweise auf die Mindestdrücke und -temperaturen, die beim Einschlag entstanden waren.

Das Nördlinger Ries

Nur kurze Zeit nach der Entdeckung der Hochdruckmodifikationen des Quarzes in Gesteinen des Barringer-Kraters wurde Coesit – ebenfalls 1960 – durch Eugene M. Shoemaker (1928–1997, Abb. 73) und Edward T. C. Chao (*1919, Abb. 73) im Suevit des Rieses nachgewiesen. Das außergewöhnliche Gestein bekam seinen Namen von dem damaligen Leiter der württembergischen Landesgeologie und Ordinarius für Geologie und Mineralogie an der Technischen Hochschule Stuttgart Adolf Sauer (1852–1932). Er benannte es nach dem germanischen Volksstamm der Sueben, von dem auch der Name Schwaben abgeleitet ist.

Das Ries ist gegenüber der Umgebung 100-150 m eingetieft und mit 24 km Durchmesser in seiner Fläche etwa 50 mal größer als das Steinheimer Becken. Aufgrund seiner Größe ist das Ries für das ungeschulte Auge vom Boden aus nicht als Krater zu erkennen (Abb. 74). Es weist keinen zentralen Hügel, jedoch eine zentrale Ringstruktur auf, die aber nicht ohne weiteres ins Auge fällt, da ein großer Teil von ihr von Seesedimenten bedeckt ist. Der Nördlinger Asteroid hatte einen Durchmesser von 800-1000 m. Das bedeutet etwa das Tausendfache der Energie des Steinheimer Asteroideneinschlags.

Der Ries-Asteroid durchschlug das Deckgebirge und drang tief in das kristalline Grundgebirge ein. Dieses steht außerhalb des Kraters bereits in einer Tiefe von 500-550 m an. Die Trümmergesteine aus Trias und Jura liegen als Bunte Brekzie z.T. noch im Krater, wurden aber auch bis zu 26 km weit über den Kraterrand hinausgeschleudert. Stellenweise treten zusammen mit der Bunten Brekzie auch bunte Kristallinbrekzien auf. Der Krateruntergrund aus Kristallin ist von Suevit bedeckt. Der Suevit überlagert stellenweise aber auch Bunte Brekzie, kristalline Trümmermassen und Sedimentgesteine im Ries und seiner näheren Umgebung. Er wurde demnach im Zentrum des Einschlags besonders hoch in die Atmosphäre geschleudert und fiel deshalb zuletzt zurück. Der Suevit besteht aus kleinen Trümmern von Kristallin- und Sedimentgesteinen sowie aus etwa 15 % aufgeschmolzenem Kristallin, dem Riesglas. Die Zusammensetzung der einzelnen Komponenten wechselt. Das dunkelgraue bis schwärzliche Glas (Abb. 75) kommt häufig in mehreren Zentimeter großen Fetzen vor. Auch außerhalb des Rieses, in seiner Randzone, gibt es einige Vorkommen von ausgeworfenem Suevit. Der enthält handgroße, aerodynamisch geformte Gläser. Diese beim Auswurf noch weichen Glasbomben, die beim Aufschlag flachgedrückt wurden, erhielten nach ihrer Form die schwäbische Bezeichnung »Flädle« (Abb. 76). An den Gläsern im Suevit wurden absolute Altersbestimmungen vorgenommen, die ein Alter von ungefähr 15,0 Ma ergaben (s. S. 72).

Abb. 73. Edward T. C. Chao (* 1919) und Eugene M. Shoemaker (1928–1997).

Abb. 74. Rieskrater. Die Quellwolken zeichnen den Kraterrand nach.

Im Rieskrater bildete sich über lange Zeiträume hinweg ein See, dessen Wasserspiegel nur allmählich stieg. Nach seinen Sedimenten zu schließen, war der flachgründige See anfangs brackisch. Zeitweise war die Wasserzufuhr so gering, dass er stellenweise verlandete. Später stieg der Wasserspiegel. Der Salzgehalt sank, so dass der See aussüßte. Durch Kalkabscheidung und Zufuhr von Abtragungsmaterial aus der Umgebung entstanden über 300 m mächtige Seeablagerungen, in denen an einigen Stellen auch Wirbeltierreste eingebettet wurden und erhalten blieben.

Abb. 75. Zwei Beispiele von Suevit von Aufhausen im Ries mit Fetzen von dunklem Impaktglas. Länge des unteren Stücks: 15 cm.

Abb. 76. Impaktglas aus der Verwitterungsschicht über dem Suevit von Otting östlich vom Ries. Das strickartige Aussehen kommt vom Flug durch die Luft, die Abflachung (»Flädle«) durch den Aufprall auf den Untergrund in weichem Zustand.

Impaktbeweise im Gesteinsdünnschliff

Die beim Einschlag großer kosmischer Körper das Gestein durchlaufende Stoßwelle bewirkt – wie schon ausgeführt (s. S. 60) – an Gesteinen, Mineralen und Fossilien Veränderungen, die von der Stärke des Drucks und bei Mineralen z T. auch von der Temperatur abhängen. Die Veränderungen an Mineralen, vor allem am Quarz, lassen sich erst unter dem Mikroskop an Dünnschliffen des Gesteins erkennen. Sie wurden vor allem für das Ries in den sechziger und siebziger Jahren des 20. Jahrhunderts vom Mineralogisch-Petrographischen Institut der Universität Tübingen unter der Leitung von Professor Wolf von Engelhardt (*1910) eingehend untersucht. Für die Umwandlungen der Minerale durch die Stoßwelle (s. S. 64) ist von Dieter Stöffler (*1939) die Bezeichnung »Progressive Stoßwellenmetamorphose« geprägt worden. Am Einschlagspunkt des Ries-Asteroiden dürften Drücke von 5-10 Millionen Atmosphären und Temperaturen von 10 000-30 000 Grad geherrscht haben. Vom Einschlagspunkt ausgehend, nehmen Druck und Temperatur nach der Tiefe und nach außen ab.

Abb. 77. Moldavite aus tertiären Ablagerungen bei Chlum in Böhmen, Tschechien. Länge des größeren Stücks 7 cm, des kleineren 5 cm.

Ferne Zeugnisse vom Einschlag des Ries-Asteroiden

Durch die ungeheure Wucht des Einschlags bedeckten Trümmermassen aus dem Ries bis in eine Entfernung von rund 40 km die Umgebung. Darüber hinaus konnten einige Zeugnisse vom Einschlag des Ries-Asteroiden noch viel weiter weg festgestellt werden. Die am weitesten entfernten Spuren des Einschlags liegen in Tschechien, etwa 300-400 km östlich vom Ries. Es sind natürliche Gläser, die man nach ihrem ersten Fundort in der Nähe der Moldau Moldavite nannte. Untersuchungen ergaben, dass sie gleich alt wie das Riesgeschehen sind. Man nimmt deshalb an, dass Sande der Oberen Süßwassermolasse, die im Zentrum des Rieses auf dem Weißen Jura lagen, beim Einschlag aufgeschmolzen wurden. Die Art des Transports bis in das südliche Böhmen und nach Mähren ist noch nicht ganz geklärt.

Die Moldavite sind primär in miozäne Sedimente eingelagert. Sie sind häufig von ovaler, flacher Form und nur wenige Zentimeter groß. Die Oberflächenstruktur der meist flaschengrünen Gläser ist überwiegend nicht während des Flugs, sondern durch Anlösung im einbettenden Sediment entstanden (Abb. 77).

Brocken von Weißjura wurden bis in den Augsburger Raum geschleudert. Weit südlich der Donau ist in miozäne Sedimente des Molassebeckens ein Horizont mit Brocken und kleineren Blöcken von Weißjurakalken eingelagert (bayerischer Brockhorizont). Er wurde in den letzten Jahrzehnten besonders von dem gelernten Industriekaufmann und Liebhabergeologen Lorenz Scheuenpflug (1925–1994) untersucht. Die Trümmer aus dem Ries reichen von der Größe eines Kirschkerns bis zu über einem Meter Durchmesser. Nach ihrem Entdecker, dem Geologen Lothar Reuter (1877–1956), wurden sie Reutersche Blöcke genannt. Auch in der Umgebung von Biberach a. d. Riß konnte ein Horizont mit kleinen Brocken von Weißjura-Gesteinen festgestellt werden.

Ein Horizont von Weißjura-Brocken schwäbischer Fazies wurde auch im Miozän des Schweizer Mittellands gefunden. Einer der Brocken zeigt einen typischen Strahlenkalk, so dass der Schluss naheliegt, dass die Brocken dem Auswurfmaterial des Rieses zuzuordnen sind.

Nördlinger Ries und Steinheimer Becken – entstanden sie Schlag auf Schlag?

Das Nördlinger Ries und das Steinheimer Becken sind Meteorkrater!« und Der Meteor[it] von Steinheim kam zu gleicher Zeit wie der Meteor[it] von Nördlingen, dessen ›Bruder‹ oder ›Sohn‹ er ist.« Dies verkündete 1936 Stutzer, nachdem er den Barringer-Krater in Arizona gesehen hatte. Die gleichzeitige Entstehung von Nördlinger Ries und Steinheimer Becken lässt sich jedoch nicht beweisen! Es ist allerdings äußerst unwahrscheinlich, dass in dem geringen zeitlichen Abstand von einigen hunderttausend Jahren, höchstens einer Million Jahren, zwei kosmische Körper räumlich so nahe beieinander liegend, einschlugen.

Man geht deshalb davon aus, dass Steinheimer Becken und Nördlinger Ries durch zwei große extraterrestrische Körper, die bereits dicht beieinander durch den Weltraum auf die Erde zu rasten, nahezu gleichzeitig ausgesprengt wurden Die Atmosphäre wird sehr stark verdichtet, wenn ein Asteroid in sie eindringt. Bis zu einer gewissen Größe reicht ihr Widerstand dann aus, den kosmischen Körper zu zerbrechen, sodass auf der Erde ein Streufeld von kleineren Meteoritenkratern entsteht, wie etwa beim Odessa-Krater in Texas, USA, oder beim Henbury-Krater in Australien. Ein kosmischer Körper aus Eisen muss mindestens einen Durchmesser von 20 m, einer aus Gestein von 60 m haben, um durch die Atmosphäre zu kommen ohne zu zerbrechen. Die Dichte auch der komprimierten Atmosphäre reicht somit normalerweise nicht aus, einen Körper von der Größe des Steinheimer Asteroiden von dem im Durchmesser zehnfach größeren Ries-Asteroiden abzuspalten und zu bewirken, dass er 40 km vom Hauptkörper entfernt einschlägt.

Von Chao war allerdings auch überlegt worden, ob die beiden Krater nicht durch einen sehr großen und langsam fliegenden Asteroiden aus Gestein geschaffen worden sein könnten, der wegen seiner Größe und geringen Geschwindigkeit beim Eintritt in das Gravitationsfeld oder die Atmosphäre der Erde auseinandergebrochen wäre.

Abb. 78. West und East (Hintergrund) Clearwater Lake in Quebec, Kanada.

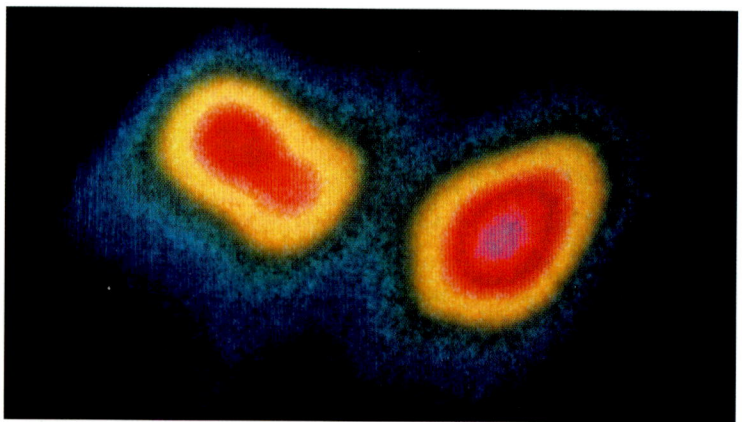

Abb. 79. Asteroid 1989 PB (Arecibo Radar Images).

Doppelkrater gleichen Alters gibt es auch in Kanada, die Clearwater Lakes mit 22 km und 32 km Durchmesser (Abb. 78). Von Kometen ist bekannt, dass sie mehrere Kerne haben können (s. S. 21). Dass auch Asteroide zumindest aus zwei Teilen bestehen können, zeigen neuere Beobachtungen. Der erste Doppelkörper-Asteroid 1989 PB (Abb. 79) und der Asteroid 4179 Toutatis wurden 1989 entdeckt. Letzterer wird von zwei unregelmäßig geformten Körpern gebildet. Demnach könnten auch Steinheimer Becken und Ries ihre Entstehung einem solchen Doppelkörper verdanken.

Das Alter von Nördlinger Ries und Steinheimer Becken

Das absolute Alter des Nördlinger Ries' wurde mit Hilfe verschiedener radiometrischer Methoden mehrfach bestimmt. Dazu wurden Gesteinsgläser aus dem Suevit benützt. Durch das Aufschmelzen kristalliner Gesteine als Folge des Einschlags war die geologische Uhr, die das Alter u.a. nach den Zerfallsprodukten radioaktiver Elemente misst, wieder auf Null gestellt worden. Dadurch kann die Zeit, die seit dem Einschlag vergangen ist, berechnet werden. Die gemittelten Alter nach der K/Ar-Methode (K = Kalium, Ar = Argon) ergaben ein Alter von 14,8 Ma (Millionen Jahren), die nach der Spaltspuren-Methode ein solches von 14 Ma. Die K/Ar-Methode liefert eher zu hohe Werte, die Spaltspuren-Methode nur Mindestalter. Im Laufe der Zeit wurden diese Untersuchungsmethoden verfeinert und neue kamen hinzu. Die Bestimmung der ^{40}Ar-^{39}Ar-Alter ergaben 15,1 ± 0,1 Ma und eine Zusammenstellung aller an Riesgläsern gemessenen Werte führte zu einem mittleren Alter von 14,92 ± 0,42 Ma. Die Stellen hinter dem Komma täuschen eine Genauigkeit vor, die bei einer Mittelwertbildung von unterschiedlichen Meßmethoden nicht gegeben ist, sodass man getrost sagen kann, der Rieskrater ist vor rund 15 Ma im Mittelmiozän gebildet worden. An diesem ungefähren Alter soll hier festgehalten werden, obwohl jüngst Messungen durch eine verfeinerte Methode, bei der besonders reine Mikroproben von Riesgläsern mit Hilfe von Laserstrahlen untersucht wurden, ein Alter von 14,3 ± 0,1 Ma ergaben.

Im Steinheimer Krater reichte die Energie nicht aus, um hier das mehrere hundert Meter tiefer als im Ries anstehende Grundgebirge aufzuschmelzen. So konnte auch kein Suevit mit Gesteinsgläsern entstehen, an denen radiometrische Altersbestimmungen möglich gewesen wären. Jedoch nimmt man an, dass Nördlinger Ries und Steinheimer Becken gleich alt sind. Allerdings sind die im Ries an einigen Stellen gefundenen Belege von Säugetieren höheren Alters als die in Steinheim geborgenen (s. S. 118/119). Es wird versucht, dies mit der unterschiedlichen Geschichte der Kraterseen zu erklären, doch muss berücksichtigt werden, dass auch der Anstieg des Seespiegels im Ries über einen sehr langen Zeitraum erfolgt sein dürfte. Es lässt sich somit nicht mit letzter Sicherheit beantworten, ob Nördlinger Ries und Steinheimer Becken wirklich gleich alt sind.

Die See-Entwicklung

Bildung des Kratersees

Die den Steinheimer Krater im unteren Teil auskleidende Primäre Beckenbrekzie besteht überwiegend aus tonigen Gesteinen, die aufgrund der mechanischen Beanspruchung durch die Stoßwelle, den Auswurf aus dem Krater und den Aufprall auf dem Kraterboden so kleinstückig zerlegt worden sind, dass sie bei Wasserzutritt – ohne verwittert zu sein – sehr rasch quollen. Die Klüfte in den Weißjurakalken des Kraterbodens und dem unteren Teil der Kraterwand wurden durch die Primäre Beckenbrekzie weitgehend abgedichtet. So konnte sich im Krater aus Niederschlägen allmählich ein See bilden. Mit der tektonischen Senkung des Gebiets kam noch Grundwasser hinzu. Der See war aber völlig isoliert und blieb über einen Zeitraum von hunderttausenden, vielleicht sogar einigen Millionen Jahren erhalten, wobei der Seespiegel großen Schwankungen unterworfen war.

Die Seeablagerungen – Archiv vorzeitlichen Lebens

Die Einschläge der beiden Asteroiden, die den Steinheimer Krater und den Rieskrater ausgesprengt hatten, waren für die Lebewelt in dem Bereich, den wir heute Süddeutschland nennen, eine Katastrophe größten Ausmaßes. Im Jahr 1980 brach der Vulkan Mt. St. Helens im Staat Washington, USA, aus. Die Verwüstung erfasste ein riesiges Gebiet. Bis zu 25 km vom Explosionszentrum entfernt waren die ursprünglich bewaldeten Hänge vom Bewuchs leergefegt oder zumindest die Bäume wie Streichhölzer geknickt (Abb. 80). Nur in den randlichen Bereichen der Verwüstung blieben in Erosionsrinnen Bäume stehen. Der Einschlag des Steinheimer Asteroiden und erst recht des Ries-Asteroiden hat eine ungleich größere Zerstörung bewirkt. Es ist davon auszugehen, dass das Leben im Bereich des heutigen Süddeutschlands durch eine ungeheure Hitze- und Druckwelle nahezu vollständig ausgelöscht war. Nur in sehr großer Entfernung von den Kratern konnten wohl im Schatten der Hitze- und Druckwelle, etwa in tiefen Tälern, kleinere Tiere und vor allem Pflanzen die Katastrophe überdauern.

Unmittelbar nach dem Einschlag des Steinheimer Asteroiden und auch noch längere Zeit danach war der entstandene Krater nicht nur von groben und feinen Trümmern aus Kalksteinen, sondern auch von Kalkstaub umgeben. Kalk konnte so durch Regenwasser leicht gelöst und im See als – oft fein gebänderter – Kalkschlamm wieder ausgefällt werden. Im unteren Bereich dieser anfangs noch sehr lockeren Ablagerungen waren Gleitungen des Sediments häufig.

Die Wiederbesiedlung des Kraters und seiner Umgebung mit Pflanzen und Tieren muss verhältnismäßig rasch erfolgt sein, denn schon in den tiefsten Seeablagerungen ist so viel organische Substanz vorhanden, dass dunkelgraue bis schwärzliche Lagen von Faulschlamm und Gyttja den Kalkschlamm durchziehen (Abb. 81). Diese Ablagerungen haben einen so hohen Bitumengehalt, dass sich aus ihnen bei einer entsprechenden Mächtigkeit

Abb. 80. Durch den Luftdruck beim Ausbruch des Mt. St. Helens im Staat Washington, USA, zerstörte Vegetation.

und Ausdehnung des Vorkommens sogar Erdöl gewinnen ließe. Dies spricht dafür, dass schon sehr früh und über einen langen Zeitraum hinweg große Mengen von Mikroorganismen den See bevölkerten. Es herrschten also keine lebensfeindlichen Bedingungen. Man darf annehmen, dass auch bei nicht allzu großer Wassertiefe eine Schichtung des Wassers vorhanden war. Im oberen, gut durchlüfteten und erwärmten Bereich entwickelte sich reiches Leben, wogegen in der Tiefe zeitweise der Sauerstoff nicht ausreichte, um die abgestorbene und zum Seegrund abgesunkene organische Substanz zu oxidieren. Eine stärkere Durchmischung des insgesamt kleinen und von keinem Fließgewässer durchströmten Sees fand nicht statt.

Dunkelgraue Lagen bestehen z. T. aber auch aus feinkörniger, eingeschwemmter Primärer Beckenbrekzie. Kleinere Rutschungen (s. Abb. 90), vor allem von lockeren, an den Zentralhügel angelagerten Kalkschluffen, müssen immer wieder erfolgt sein, da die dünnschichtigen Seeablagerungen im Beckentiefsten häufig gestaucht, gefaltet oder wellenförmig verbogen sind (Abb. 81).

Im Laufe der See-Entwicklung wurde nicht nur feiner Kalkschlamm abgelagert. Es entstanden auch Kalksande, an den Rändern Brekzien und Konglomerate, geschichtete und ungeschichtete harte Kalksteine sowie Algenkalke. Im Gegensatz zu den normalen Seeablagerungen, in denen das Calciumkarbonat in Form von Calcit vorliegt, tritt in den Algenbauten (Bioherme) Aragonit und stellenweise auch Dolomit auf.

Aragonit, die rhombische Kristallform des Calciumkarbonats (Abb. 82), entsteht normalerweise bei Temperaturen über 29 °C, kann aber bei Gegenwart von Lösungsgenossen, insbesondere von Magnesiasalzen, oder mit Hilfe von Organismen auch unterhalb dieser Temperatur gebildet werden. Das Auftreten von Aragonit führte zur Bezeichnung Warmwasserschichten. Es wurde früher als Beweis für das Aufheizen des Seewassers durch Wärmeabgabe des im Untergrund vermuteten »verborgenen Vulkanismus« angesehen (s. S. 41).

Der Steinheimer Kratersee hatte in der ersten, langdauernden Zeit seines Bestehens keinen größeren oberirdischen Zu- und auch keinen Abfluss. Er bildete einen abgeschlossenen

Lebensraum. Unter den zahlreichen Schneckenarten, die den See bevölkerten, nimmt eine zu den Planorben zählende Schnecke, *Gyraulus kleini*, eine Sonderstellung ein. Sie ist während des Mittel- und Obermiozäns weit verbreitet. Aber nur im kleinen, isolierten Steinheimer Kratersee führten Mutationen über lange Zeiträume hinweg zur Herausbildung neuer Arten, nach denen die Seeablagerungen gegliedert werden können (s. S. 104). Dadurch lässt sich letztlich die Seegeschichte mit dem allmählichen Ansteigen des Seespiegels bis nahe an den Rand des Kraters, sein darauf folgendes starkes Absinken und sein erneuter Anstieg erfassen (Abb. 84). Für die Schwankungen des Seespiegels könnten Klimaänderungen, Tektonik oder die Kombination beider Faktoren verantwortlich gewesen sein. Größere Klimaschwankungen sind aus dem Mittelmiozän vom Gebiet der Schwäbischen Alb nicht bekannt. Dagegen sind hier Senkungen und Hebungen im Jungtertiär mehrfach nachgewiesen. Solche Bewegungen der Erdkruste dauern lange. Möglicherweise ist die Altersdifferenz zwischen der Fauna vom Ries zu der vom Steinheimer Becken durch die etwas andere Seegeschichte bedingt.

In den Seeablagerungen sind die Überreste der damaligen Tier- und Pflanzenwelt eingebettet worden und somit der Nachwelt erhalten geblieben, und zwar in einer Reichhaltigkeit und Vielfalt, die ihresgleichen suchen (s. Teil II). Unter den tiefsten Stellen des heutigen Steinheimer Beckens wurden Seeablagerungen der steinheimensis- und kleini-Zeit bis zu einer Mächtigkeit von 36 m erbohrt, doch reichen sie noch weit an den Hängen hinauf. Die höchsten Sedimente der sulcatus-Zeit liegen bei 635 m ü. NN, doch handelt es sich um Ablagerungen nahe dem Rand eines tiefen Sees. So lässt sich keine Gesamtmächtigkeit der Seeablagerungen angeben. Wir müssen aber davon ausgehen, dass der Krater weitgehend plombiert war, als sich das Stubental entlang seines südlichen Randes, aber außerhalb von ihm eingetieft hat, da sonst der Stubentalfluss in den Krater und durch ihn hindurch geflossen wäre.

Gegen Ende der Tertiärzeit, sicher aber im Quartär, begann die Ausräumung der Kraterfüllung durch den zum Stubental und zur Brenz entwässernden Wentalfluss. Stubental und Wental sind heute Trockentäler.

Abb. 81. Kalke der untersten kleini-Schichten aus Bohrung 26 in 13,5 m und 24,5 m Tiefe. Die vorwiegend hellen Schichten wurden unter sauerstofffreichen Verhältnissen, die dunklen, bitumenreichen unter sauerstoffarmen Bedingungen abgelagert.

Abb. 82. Radialstrahlige Aragonit-Rosetten. Länge des Stücks 16 cm.

Abb. 83. Der Wäldlesfels. Der 8 m hohe Felsen auf dem Steinhirt ist letzter Zeuge von großen Kalkalgenriffen, die den Zentralhügel einst in Kranzform umgaben. Sie fielen im 19. Jahrhundert der Schottergewinnung für den Eisenbahnbau im Brenztal zum Opfer.
Links: Wahlspruch Ludwig Schäffers (1828–1916), Verwaltungsaktuar in Steinheim, dem der Erhalt des Felsens zu verdanken ist.

Abb. 84. Stadien der Entwicklung des Steinheimer Beckens von seiner Entstehung durch den Einschlag des kosmischen Körpers bis heute (nach Heizmann & Reiff 1998):

1 Aussprengung des Kraters

4 Das Grundwasser und damit der Seespiegel sind durch tektonische Senkung des Albkörpers angestiegen. Das Wasser bedeckt den Zentralhügel.

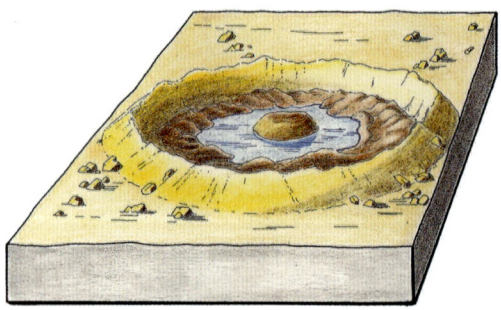

2 Der Krater mit Ringwall, Zentralhügel und Primärer Beckenbrekzie (braun). Anzeichen der Bildung eines Kratersees.

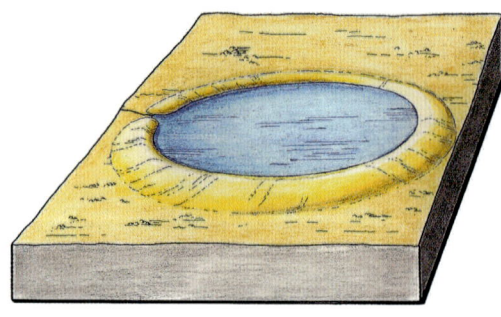

5 Höchststand des Sees zur sulcatus-Zeit.

3 Der Kratersee zur kleini-Zeit. Beginn der Ausfällung karbonatischer Sedimente und der allmählichen Abtragung des Ringwalls.

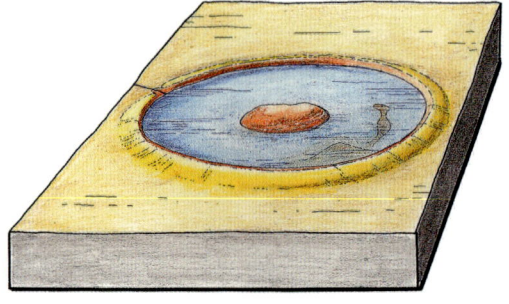

6 Der Seespiegel ist durch tektonische Hebung des Albkörpers gesunken. Es werden die fossilreichen Kalke, Kalksande und -schluffe der trochiformis-Zeit abgelagert (orange).

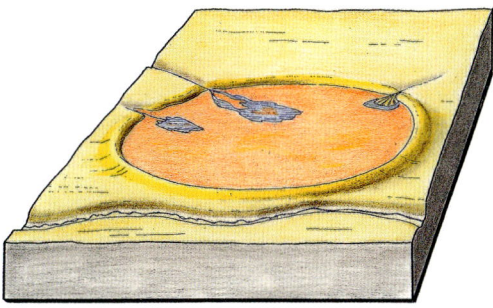

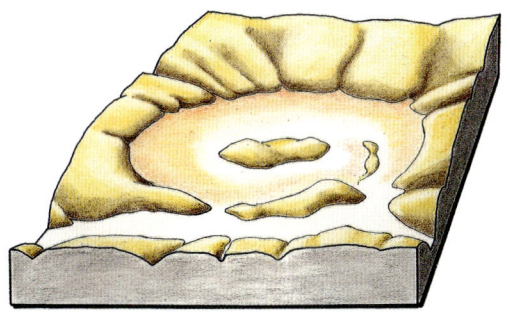

7 Der Krater ist spätestens im Pliozän mit Seeablagerungen und mit von Bächen eingetragenen Sedimenten verfüllt (orange). Der Ringwall ist eingeebnet. Der »Stubental-Fluss« entsteht.

8 Das Stubental ist zum Trockental geworden. Die Kraterfüllung ist weitgehend ausgeräumt. Das Steinheimer Becken lässt die ungefähre Form des ehemaligen Kraters erkennen.

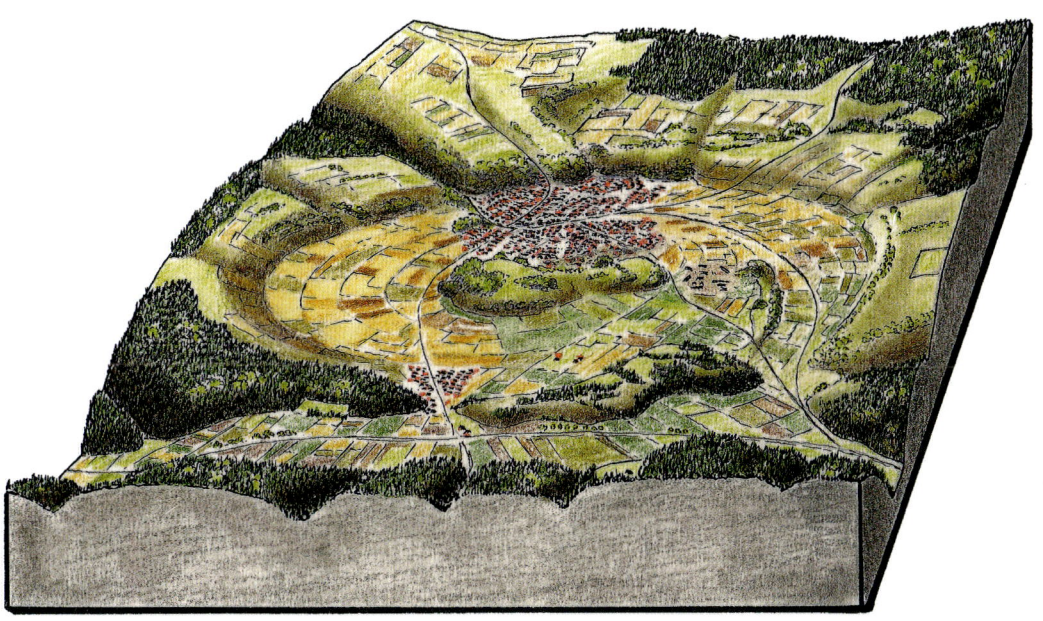

9 Ansicht des Steinheimer Beckens Mitte des 20. Jahrhunderts. Im Vordergrund das Stubental und der Ortsteil Sontheim. Dahinter als zentraler Hügel der Steinhirt-Klosterberg. Nördlich davon liegt Steinheim. Der die Felder umgebende Wald markiert ungefähr den Rand des Kraters zur Zeit seiner Entstehung.

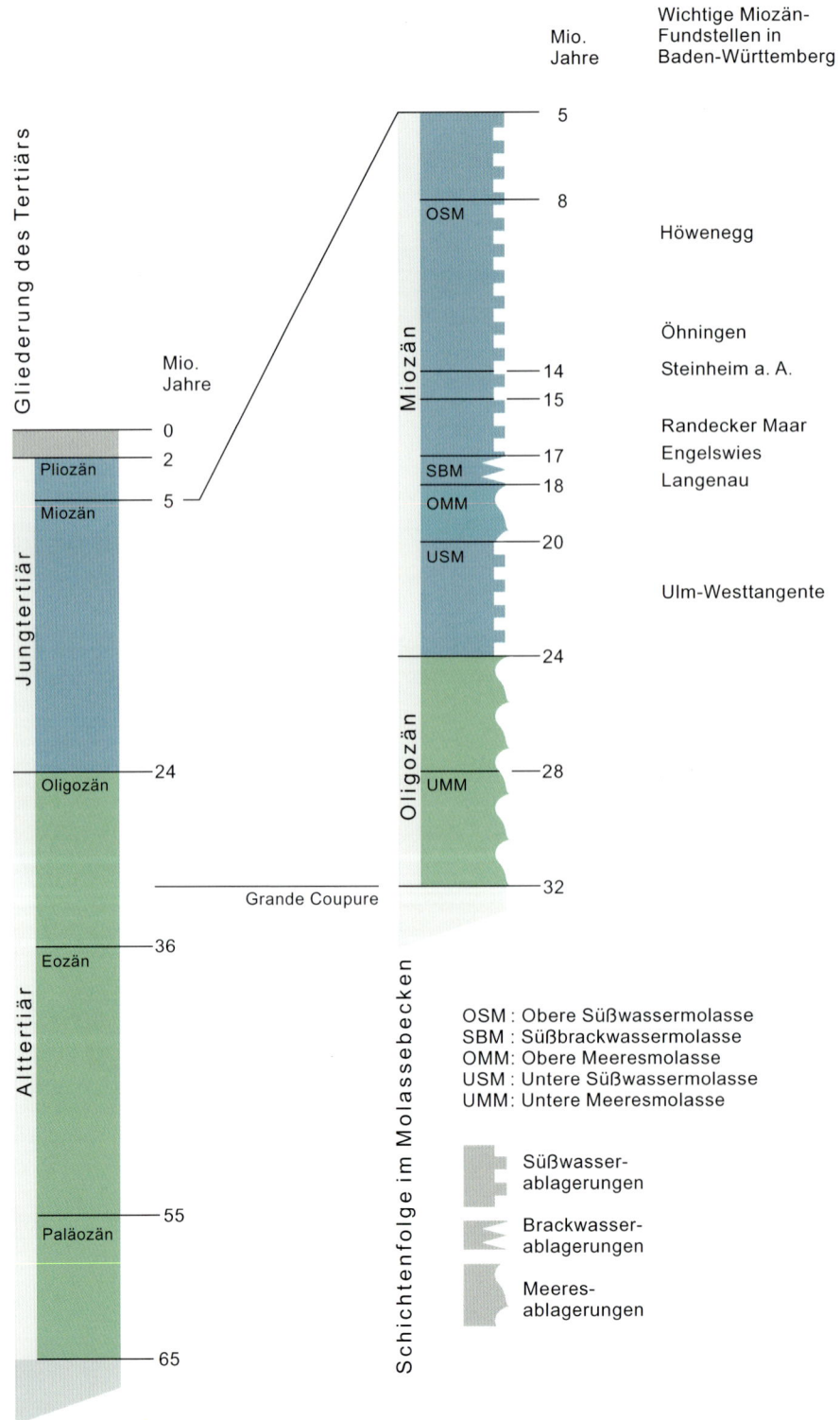

Abb. 85. Gliederung des Tertiärs (links) und der tertiären Ablagerungen des Molassebeckens (rechts).

Leben nach der Katastrophe – Paläontologie eines Meteorkraters

Der erdgeschichtliche Rahmen – Die Tertiärzeit

Baden-Württemberg gilt nicht umsonst als einer der fossilreichsten Landstriche auf diesem Globus. Aus den unterschiedlichsten Bereichen der Erdgeschichte – vom Erdmittelalter bis ins Eiszeitalter – gibt es hier Fundstellen, die an Artenreichtum und Qualität der Erhaltung weltweit keinen Vergleich zu scheuen brauchen. Erinnert sei nur beispielhaft an Kupferzell in der Trias, Holzmaden im Unter-Jura, Nusplingen im Ober-Jura oder Steinheim an der Murr (nicht zu verwechseln mit der hier behandelten Fundstelle Steinheim am Albuch) im Quartär. In diesen Reigen fügt sich der miozäne Steinheimer Meteorkrater als eine der bedeutendsten, wenn nicht als die bedeutendste Lokalität aus der Tertiärzeit zwanglos ein.

Die Tertiärzeit (Abb. 85), die vor etwa 65 Millionen Jahren einsetzte und vor etwa 2 Millionen Jahren von der Quartärzeit abgelöst wurde, begann mit einem großen Umbruch in der Entwicklung des Lebens. Zum Ende des vorhergehenden Erdmittelalters starben viele der damals blühenden Organismengruppen aus – am bekanntesten sind die Saurier und die Ammoniten. Andererseits begann die Erfolgsgeschichte der Säugetiere, die zwar zu Beginn des Tertiärs bereits eine 150 Millionen Jahre dauernde Entwicklungsgeschichte hinter sich hatten, aber erst zu diesem Zeitpunkt ihre aus geologischer Sicht geradezu explosionsartige Entfaltung zur heutigen Formenvielfalt begannen. So ist es einleuchtend, dass diese Epoche auch als Zeitalter der Säugetiere bezeichnet wird.

In Mitteleuropa ist die Tertiärzeit im wesentlichen eine Zeit der Abkühlung von ursprünglich tropischen zu gemäßigten Verhältnissen. Die Entwicklung erfolgte aber keineswegs gleichmäßig, sondern in Schüben mit wiederholten Klimaauschlägen zu wärmeren oder kühleren Bedingungen. Diese Veränderungen beeinflussten die Entwicklung der Pflanzen- und Tierwelt nachhaltig, sodass es neben relativ stabilen Phasen auch solche beschleunigter Entwicklung bis hin zu auffälligen Umbrüchen in der Zusammensetzung gab. Zu einer solch drastischen Veränderung kam es infolge merklicher Abkühlung zu Beginn des Oligozäns vor 32 Millionen Jahren, der »Grande Coupure« (=großer Einschnitt), wie dieses Ereignis schon zu Beginn des 20. Jahrhunderts von dem Schweizer Paläontologen Hans Georg Stehlin bezeichnet wurde. Damals tauchten erstmals viele der Säugergruppen in Europa auf, welche wir auch in der heutigen Tierwelt wiederfinden (z.B. Igel, Biber oder Hamster bei den Kleinsäugern oder Nashörner bei den Großsäugern). Sie verdrängten rasch einen Großteil der zuvor hier lebenden »ursprünglichen« alttertiären Tiere. Aber auch andere Faktoren hatten erheblichen Einfluss wie etwa die durch die Plattentektonik hervorgerufenen Kontinentalbewegungen und die durch sie und durch klimatische Faktoren verursachten Schwankungen des Meeresspiegels. So brachte die Nordwärtsbewegung des afrikanischen Kontinents durch die Herstellung einer Landverbindung mit Eurasien im Unter-Miozän vor etwa 18 Millionen Jahren eine massive Einwanderung afrikanischer Faunenelemente mit sich. Die so entstandene instabile Situation mit Aussterben, Verdrängung und Neuanpassung hatte sich vier Millionen Jahre später im Mittel-Miozän wieder beruhigt. Zu dieser Zeit, in die die Steinheimer Fossilfunde einzuordnen sind, existierten bei den Säugern neben einigen seither ausgestorbenen Gruppen wie den Eomyiden bei den Nagetieren, den Bärenhunden (Amphicyoniden) oder den Krallentieren (Chalicotherien)

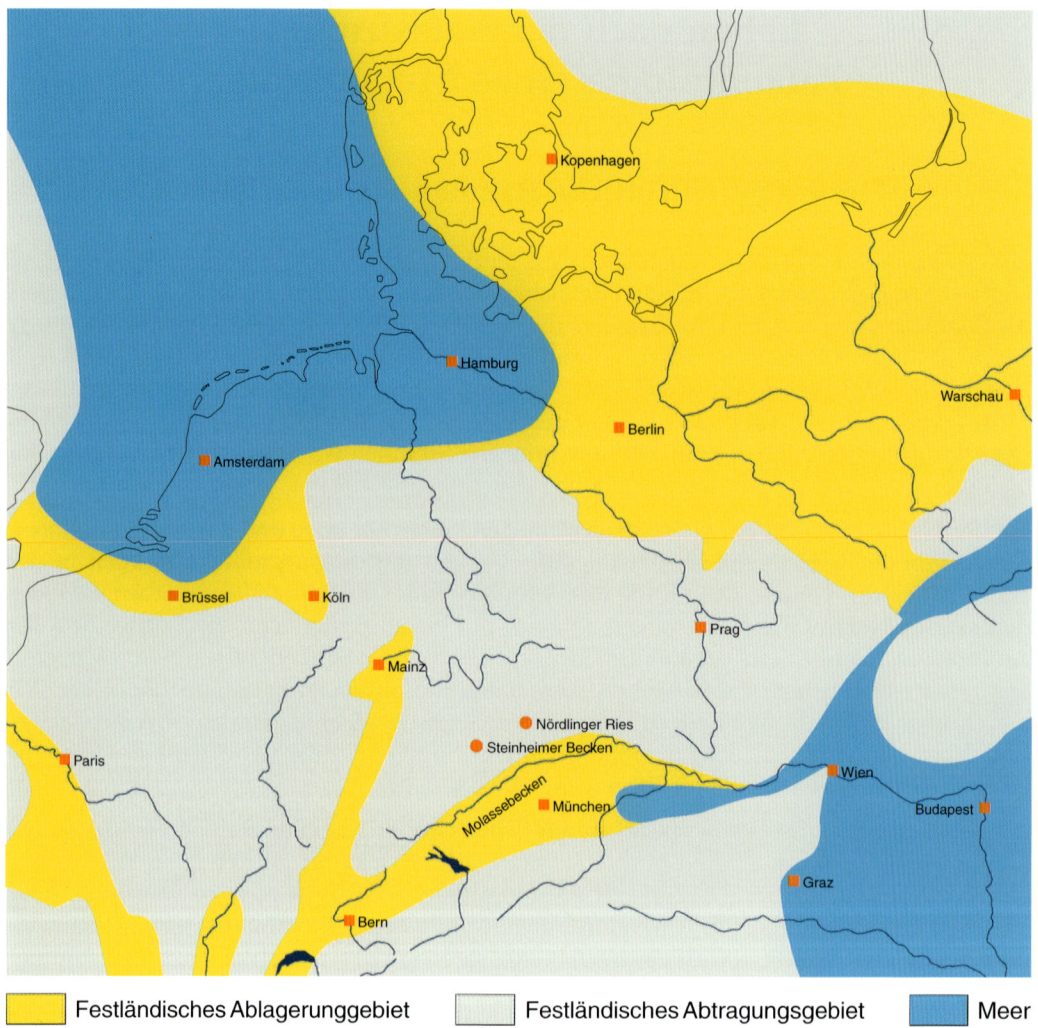

| Festländisches Ablageruunggebiet | Festländisches Abtragungsgebiet | Meer |

Abb. 86. Mitteleuropa zur Zeit des Mittelmiozäns.

bei den Unpaarhufern schon alle die Ordnungen, welche die Zusammensetzung moderner Faunen prägen. Durch die Vollständigkeit, die Vielfalt und die Qualität der Fossilüberlieferung wird Steinheim damit zu einer der wichtigsten Informationsquellen für diesen Abschnitt der Erdgeschichte in Mitteleuropa. Über die nachfolgenden jüngsten Abschnitte der Tertiärzeit sind wir längst nicht so gut informiert: Mit dem Höwenegg bei Immendingen und Dorn-Dürkheim in Rheinhessen gibt es nur zwei wirklich bedeutende Fundstellen aus dieser Zeit in Süddeutschland. Die weiter fortschreitende Klimaabkühlung mündet schließlich in die extremen Klimaschwankungen des Eiszeitalters mit seinen Kalt- und Warmzeiten.

Über die Vorgänge während der Tertiärzeit in Mitteleuropa können wir uns besonders gut aus den zwischen Schwäbischer Alb und den Alpen abgesetzten Ablagerungen des Molassebeckens informieren (Abb. 85). Mit ihrer Wechselfolge von Meeres- und Süßwasserschichten geben sie beredtes Zeugnis von der wechselvollen Geschichte dieses Raumes während der Tertiärzeit. Die Ablagerungen des Steinheimer Beckens entsprechen zeitlich denen der Oberen Süßwassermolasse. Das Nordufer des Molassemeeres der Oberen Meeresmolasse lag nur etwa 10 km südlich des Steinheimer Beckens auf dem Südfuß der Schwäbischen Alb. Mit diesem Meeresarm drang zwischen 20 und 18 Millionen Jahren zum letzten Mal das Meer in den süddeutschen Raum vor. Zur Zeit der Aussprengung des Steinheimer Kraters vor rund 15 Millionen Jahren hatte sich das Meer allerdings längst nach Osten und Westen zurückgezogen (Abb. 86).

Im Miozän herrschte in Süddeutschland außerdem eine rege vulkanische Aktivität. Es ist daher nicht verwunderlich, daß auch der Steinheimer Krater ursprünglich mit vulkanischen Erscheinungen in Verbindung gebracht wurde (s. S. 40-42). An den miozänen Vulkanismus sind einige bedeutende Fossilfundstellen gebunden z.B. das Randecker Maar am nördlichen Albtrauf, Öhningen im Bodenseegebiet und das Höwenegg im Bereich der Hegau-Vulkane.

Obwohl Einschläge außerirdischer Himmelskörper – zumindest in den jüngeren Abschnitten der Erdgeschichte – nicht gerade häufige Ereignisse sind, ist Steinheim bekanntlich nicht der einzige derartig entstandene Krater in der Region. Auch das benachbarte, wesentlich größere Nördlinger Ries ist so entstanden. Wie das Steinheimer Becken ist es mit miozänen, fossilführenden Seeablagerungen ausgekleidet. Auf die überraschenden Unterschiede in der Tierwelt der beiden Krater und deren mögliche Ursachen wird im Zusammenhang mit der Besprechung der Kleinsäuger (s. S. 118/119) noch näher einzugehen sein.

Weitere Erkenntnisse über die Entwicklung der tertiären Tierwelt können wir aus den Karstspaltenfüllungen der Schwäbischen Alb gewinnen, in denen vielerorts Knochen und Zähne angereichert sind.

Aus all diesen unterschiedlichen Informationen entsteht schließlich das Bild der Tertiärzeit und des Lebens am Steinheimer Krater, wie es im paläontologischen Teil der Ausstellung des Meteorkratermuseums erläutert wird (Abb. 2). Der Betrachter wird dadurch in eine Zeit zurückversetzt, die uns fremdartig anmutet, auch wenn sie durchaus die eine oder andere Gemeinsamkeit mit den heutigen Verhältnissen in anderen Gegenden des Globus aufzuweisen hat.

Die Fundstelle und ihre Fossilien

Eigentlich ist es falsch oder zumindest ungenau von **der** Fundstelle Steinheim zu sprechen, da die dortigen Seeablagerungen potentiell überall fossilführend sein können, sodass Schalen von Schnecken und Muschelkrebsen fast an jeder Stelle zum Vorschein kommen, wo die Tertiärschichten angeschnitten werden. Aber selbst Funde der wesentlich selteneren Wirbeltiere kennt man von den verschiedensten Stellen im Krater und auch aus unterschiedlich alten Ablagerungen (s. S. 88/89). Denn da die heute noch erhaltenen Seeablagerungen bis zu 36 Meter mächtig sind (s. S. 75), enthalten sie auch eine erhebliche Zeitspanne, die mit Hilfe der in ihnen enthaltenen Schneckengehäuse untergliedert werden kann (Abb. 87).

Wie weit der Sandabbau, der anfangs fast ausschließlich die Fossilfunde lieferte, zeitlich zurückgeht, ist nicht dokumentiert. Aber bereits zu Beginn des 18. Jahrhunderts erwähnt der herzoglich württembergische Leibarzt Rosinus Lentilius, dass »die Sande nahe der Oberfläche ergraben und für den häuslichen Gebrauch feilgeboten (werden), um Fußböden, hölzerne Gefäße etc. zu scheuern«.

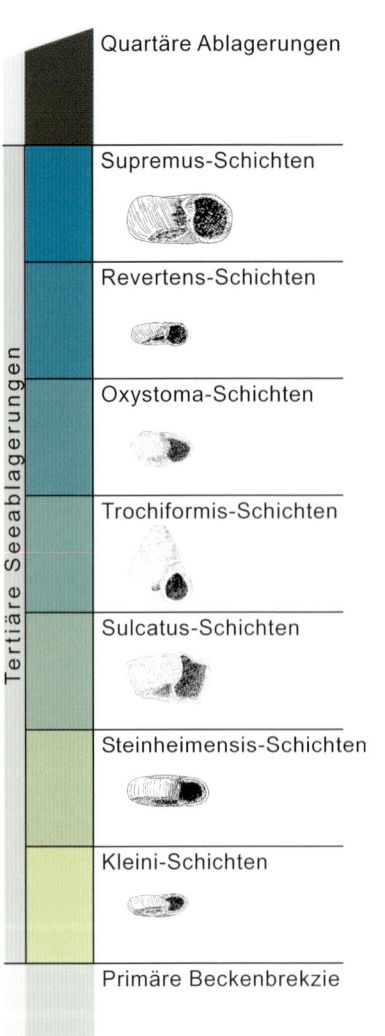

Abb. 87. Gliederung der Ablagerungen des tertiären Steinheimer Sees mit Hilfe der Tellerschnecken.

Funde aus dem älteren Abschnitt der Seeablagerungen stammen vor allem vom Vorderen Grot. Nachdem man dort schon zu Beginn des 20. Jahrhunderts erste Funde gemacht hatte, wurden hier 1994/1995 vom Stuttgarter Naturkundemuseum mehrere Schürfe angelegt, die zahlreiche neue Erkenntnisse zur Zusammensetzung der Tierwelt lieferten.

Der mittlere Abschnitt der Seeablagerungen ist vor allem rund um den Zentralhügel dokumentiert. Hier entstanden im 19. Jahrhundert wegen der leichten Zugänglichkeit an den Hängen mehrere größere Sandgruben: Die Kopp'sche Sandgrube am Osthang, die Eder'sche Grube am Südhang und die Pharion'sche Grube am Westhang. Aus allen drei Gruben, die heute längst aufgelassen und mit Ausnahme der letzteren völlig verfüllt sind, kennt man Wirbeltierfunde.

Der bedeutendste und auch größte Aufschluß im Krater ist zweifellos die ehemalige Pharionsche Sandgrube, die sich heute in Gemeindebesitz befindet. Von dieser Grube, die sich zeitweise über mehr als 300 Meter entlang des Westhangs des Zentralhügels erstreckte (Abb. 88), ist der Sandabbau seit 1830 belegt, wahrscheinlich reicht er aber noch weiter zurück. Das abgebaute Material wurde vor allem als Feg- und Scheuersand, untergeordnet auch für Bauzwecke, verwendet und weitherum verkauft. Diesem Sandverkauf verdankten die alten Steinheimer ihren Spitznamen »Sandstompe« (Sandsäcke). Heute ist der nördliche Rand der ehemaligen Grube überbaut, der daran anschließende Teil wird als Friedhof genutzt. Der verbleibende südliche Teil, in dem auch die Grabungen der 70er Jahre stattfanden, ist inzwischen durch einen Zaun geschützt und nicht mehr für die Öffentlichkeit zugänglich. Einer weitblickenden Gemeindeverwaltung ist es zu verdanken, dass

Abb. 88. Historische, von Franz Hilgendorf aufgenommene Fotografie des Zentralhügels von Westen aus dem Jahre 1877. Die Pharionsche Sandgrube erstreckt sich in Nord-Südrichtung über fast 300 Meter. Der Zentralhügel trägt im Gegensatz zu heute kaum Busch- und Baumvegetation.

Abb. 89. Die Sandgrubenbesitzer Andreas Pharion (1845–1930) (links) und sein Sohn Reinhold Pharion (1874–1953) (rechts).

Abb. 90. Sandabbau in der Pharionschen Sandgrube zu Beginn des 20. Jahrhunderts. Im mittleren Teil der Abbauwand ist ein verrutschtes Schichtpaket zu erkennen. Solche Rutschungen kamen im tertiären See an den Hängen des Zentralhügels und des Kraterrandes immer wieder vor.

Abb. 91. Die Gemeindesandgrube (frühere Pharionsche Sandgrube) im Jahre 1978 während einer Friedhofserweiterung. Die Fossilgrabungen fanden im südlichen Teil der Grube (rechter Bildrand) statt. Aufnahme vom gleichen Standpunkt am Kraterrand aus wie Abbildung 88.

dieser Bereich für wissenschaftliche Zwecke freigehalten wird. Die Schichtenfolge in der Grube reichte zeitweise von den tiefsten Seeablagerungen (kleini-Schichten) bis an den Top der mittleren Ablagerungsfolge (oxystoma-Schichten). Dem Sandabbau in der »Pharion'schen Grube« (Abb. 90) sind auch die ersten Wirbeltierfossilien zu verdanken. Auf das beständige Interesse der Sandgrubenbetreiber Andreas Pharion (1845–1930), seines Sohnes Reinhold (1874–1953) (Abb. 89) und dessen Schwiegersohn Hermann Münch (1910–1963) sowie deren sorgfältiger Aufsammlung der zu Tage kommenden Fossilien geht der größte Teil der alten Sammlungen an den Museen in Stuttgart und Tübingen zurück. Auch vor Ort, in der Sandgrube, gab es nach dem zweiten Weltkrieg in einem Schuppen eine kleine Fossilausstellung, die sozusagen den Ausgangspunkt für spätere Museumspläne bildete. Diese wurden schließlich 1978 mit dem Meteorkratermuseum verwirklicht. Der stark reduzierte Sandabbau verlagerte sich schließlich auf die Gewinnung von Badeschlamm für medizinische Zwecke, bis dann 1974 die Grube endgültig aufgelassen wurde (Abb. 91).

Einen neuen Anstoß bekam die Forschung durch die dort in den Jahren von 1969 bis 1980 von Elmar P. J. Heizmann (Abb. 97) zunächst vom Naturhistorischen Museum Basel, ab 1975 vom Naturkundemuseum Stuttgart aus durchgeführte Geländearbeit. Die von A. und R. Pharion begründete Tradition der Unterstützung der wissenschaftlichen Arbeit wurde in dieser Phase von deren Nachkommen Hildegard Münch (1909–1999) und der Familie Thom weitergeführt. Die systematischen Grabungen dieser Zeit erbrachten nicht nur viele neue Funde, sondern auch zahlreiche neue Erkenntnisse über die Zusammensetzung der Tier- und Pflanzenwelt, die Ablagerungsverhältnisse im See und die Lebensbedingungen zur Miozänzeit.

Der Ruf Steinheims als einer der weltweit bedeutendsten Miozänfundstellen wurde damit endgültig gefestigt. Er manifestiert sich zum Beispiel in einer Vielzahl wissenschaftlicher Veröffentlichungen: Karl Dietrich Adam (* 1921) listet in seiner Übersicht über die Erforschung des Steinheimer Beckens (1980, 1992) mehr als 320 Veröffentlichungen über den Steinheimer Meteorkrater auf, von denen sich allein 130 mit der fossilen Tier- und Pflanzenwelt befassen. Seither sind etliche weitere Publikationen hinzugekommen. Auch in allgemeinen Buchveröffentlichungen wie zuletzt in dem 1998 von Heizmann herausgegebenen Band »Erdgeschichte mitteleuropäischer Regionen (2). Vom Schwarzwald zum Ries« hat die Darstellung der fossilen Steinheimer Organismenwelt angemessenen Platz gefunden.

Bleibt noch nachzutragen, dass in den jüngsten Abschnitten der Seeablagerungen Wirbeltierreste ausgesprochen selten sind. Lediglich am südöstlichen Kraterrand, wo auf dem Knill diese Schichten unter einer dünnen Bodenkrume großflächig anstehen, wurden einige wenige Säugetier- und Schildkrötenreste gefunden.

Insgesamt sind bisher etwa 230 Tier- und 90 Pflanzenarten aus den Ablagerungen des tertiären Sees bestimmt worden. Bei den Pflanzen dominieren die Samenpflanzen, aber auch Algen, Farne und Bärlappgewächse konnten nachgewiesen werden. Da einige Arten nur durch Pollen oder Sporen belegt sind, die von weiter her eingeweht sein können, kann man nicht davon ausgehen, dass alle diese Arten unmittelbar um den See herum vorkamen. Für die mindestens 40 durch Blätter oder Samen dokumentierten Arten trifft dies aber zu. Bei den Tieren sind die Schnecken mit an die 100 Arten am häufigsten, aber auch Vögel und Säugetiere sind mit jeweils über 50 Arten formenreich vertreten. Diese Tiere lebten nicht nur um den See herum, sondern teils auch in ihm oder auf der umgebenden Hochfläche der Schwäbischen Alb.

Liste der in den Steinheimer Seeablagerungen gefundenen Wirbeltiere

			tiefere	mittlere	höhere
				Seeablagerungen	
Fische	*Tinca micropygoptera*	Schleie	×	×	–
	Barbus steinheimensis	Barbe	×	×	–
	Palaeoleuciscus sp.	Weißfisch	×	–	–
Frosch- und Schwanzlurche					
	Rana danubiana	Frosch	×	×	–
	Triturus sp.	Schwanzlurch	×	–	–
Kriechtiere	*Ophisaurus moguntinus*	Scheltopusik	×	×	–
	Vipera sp.	2 Arten Vipern	×	×	–
	Bransateryx cf. *vireti*	Sandboa	–	×	–
	Coluber steinheimensis	Natter	–	×	–
	Coluber suevica	Natter	–	×	–
	Testudo steinheimensis	Landschildkröte	–	×	–
	Chelydropsis murchisoni	Schnappschildkröte	–	×	–
	Clemmydopsis turnauensis	Wasserschildkröte	–	×	–
Vögel	Aves indet.	unbestimmte Vogelreste	×	×	–
	Gaviidae indet.	3 Arten Seetaucher	–	×	–
	Podicipedidae indet.	2 Arten Lappentaucher	–	×	–
	Empheresula sp.	Tölpel	–	×	–
	Ardeidae indet	Reiher	–	×	–
	Cygnus atavus	Schwan	–	×	–
	Cygnus sp.	Schwan	–	×	–
	Anser sp.	Gans	–	×	–
	Mergus sp.	Säger	–	×	–
	Anatidae indet.	6 Arten Enten	–	×	–
	Accipitridae indet.	4 Arten Falken	–	×	–
	Miophasianus altus	Fasan	–	×	–
	Miophasianus medius	Fasan	–	×	–
	Phasianidae indet.	4 Arten Fasane	–	×	–
	Gruidae indet.	3 Arten Kraniche	–	×	–
	Palaelodus crassipes	Flamingo	–	×	–
	Megapaloelodus goliath	Flamingo	–	×	–
	Phoenicopterus cf. *croizeti*	Flamingo	–	×	–
	Burhinus sp.	Triel	–	×	–
	Psittacidae indet.	Papagei	–	×	–
	Strigiformes indet.	6 Arten Eulen	–	×	–
	Capitonides sp.	Bartvogel	–	×	–
Säugetiere	?*Proscapanus sansaniensis*	Maulwurf	–	×	–
	Talpidae indet.	Maulwurf	×	–	–
	Mioechinus intermedius	Igel	–	×	–
	Galerix socialis	Haarigel	×	×	–
	Plesiosorex sp.	Insektenfresser	–	×	–
	Dinosorex sansaniensis	Insektenfresser	–	×	–
	Heterosoricidae indet.	Insektenfresser	×	–	–
	Soricidae indet.	Spitzmaus	×	×	–
	Eptesicus campanensis	Breitflügelfledermaus	–	×	–
	Chiroptera indet.	Fledermaus	–	×	–

		tiefere	mittlere	höhere
		\multicolumn{3}{c}{Seeablagerungen}	
Prolagus oeningensis	Pfeifhase	×	×	–
Lagopsis verus	Pfeifhase	?	×	–
Eurolagus fontannesi	Pfeifhase	–	×	–
Spermophilinus bredai	Hörnchen	×	×	–
Anomalomys gaudryi	Nagetier	–	×	–
Anomalomys sp.	Nagetier	×	–	–
Leptodontomys catalaunicus	Nagetier	×	–	–
Miodyromys aegercii	Bilch	×	×	–
Microdyromys miocaenicus	Bilch	×	×	–
Eomuscardinus cf. *sansaniensis*	Bilch	×	–	–
Myoglis meini	Bilch	–	×	–
Megacricetodon minor	Hamster	×	×	–
Megacricetodon germanicus	Hamster	–	×	–
Democricetodon affinis	Hamster	×	×	–
Democricetodon gaillardi	Hamster	–	×	–
Eumyarion cf. *latior*	Hamster	–	×	–
Steneofiber depereti	Biber	×	–	–
Trogontherium minutum	Biber	–	×	–
Paralutra jaegeri	Otter	–	×	–
Ischyrictis mustelinus	Marder	–	×	–
Martes cf. *filholi*	Marder	–	×	–
Proputorius sp.	Marder	–	×	–
Trochotherium cyamoides	Marder	–	×	–
Trocharion albanense	Marder	–	×	–
Amphicyon steinheimensis	Bärenhund	–	×	–
Amphicyon sp.	Bärenhund	–	×	–
Amphicyonopsis? serus	Bärenhund	–	×	–
Hemicyon göriachensis	Bärenverwandter	–	×	–
Ursavus cf. *intermedius*	Bär	–	×	–
Pseudaelurus quadridentatus	Katze	–	×	–
Pseudaelurus lorteti	Katze	–	×	–
Sansanosmilus jourdani	Säbelzahnkatze	–	×	–
Semigenetta sansaniensis	Schleichkatze	–	×	–
Anchitherium aurelianense	Waldpferd	×	×	–
Alicornops simorrense	Nashorn	–	×	–
Lartetotherium sansaniense	Nashorn	–	×	–
Dicerorhinus steinheimensis	Nashorn	–	×	–
Metaschizotherium fraasi	Krallentier	–	×	–
Listriodon splendens	Schwein	–	×	–
Conohyus simorrensis	Schwein	?	×	–
Albanohyus pygmaeus	Nabelschwein	–	×	–
Micromeryx flourensianus	Zwerghirsch	×	×	×
Euprox furcatus	Gabelhirsch	?	×	–
Heteroprox larteti	Gabelhirsch	?	×	–
Hispanomeryx sp.	Paarhufer	–	×	–
Palaeomeryx eminens	Giraffenverwandter	–	×	–
Dorcatherium crassum	Wassermoschustier	–	×	–
Gomphotherium steinheimense	Rüsseltier	×	×	–

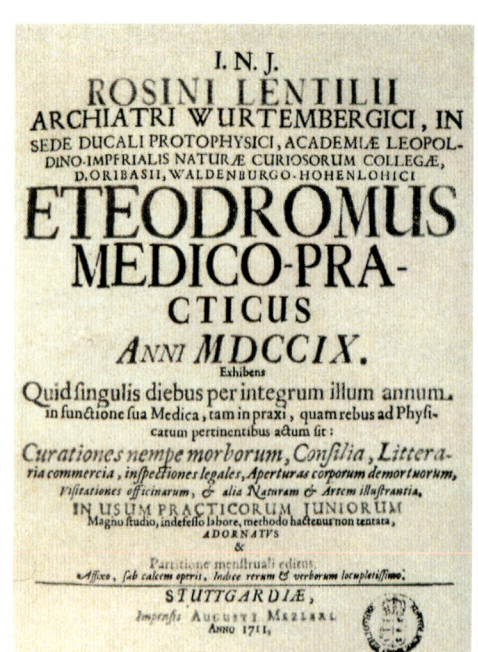 

Abb. 92.
links: Titelblatt des Eteodromus medico-practicus von Rosinus Lentilius aus dem Jahre 1711, in dem sich die früheste Erwähnung Steinheimer Fossilien findet.
rechts: Rosinus Lentilius (1657–1733; herzoglich württembergischer Leibarzt).

Geschichte der paläontologischen Erforschung

Lange bevor man anfing sich Gedanken über die Entstehung des Steinheimer Beckens zu machen, waren schon einige der dort zu Tage tretenden Fossilien den Menschen aufgefallen. Bereits die frühen Bewohner der Gegend fanden offenbar Gefallen am ästhetischen Reiz der winzigen Schalen der Schnecken, die stellenweise zu Millionen die Schichten anfüllen. Jedenfalls findet man diese als Grabbeigaben in der Ofnet-Höhle am Riesrand und an anderen steinzeitlichen Begräbnisstätten.

Bis zur ersten gedruckten Erwähnung muß man allerdings bis ins 18. Jahrhundert warten. Sie geht auf den bereits erwähnten Rosinus Lentilius (1657–1733) zurück, der die fossilen Schneckenschalen erstmals in seinem 1711 in lateinischer Sprache veröffentlichten »Eteodromus medico-practicus« erwähnte (Abb. 92), einer Art Kalenderbuch. Lentilius erkannte freilich den Auffassungen seiner Zeit entsprechend noch nicht, dass es sich bei diesen »blendend weißen Schälchen« um Reste von Lebewesen handelte, wurden solche Objekte doch damals gewöhnlich als »ludus naturae«, also als einer göttlichen Laune entsprungene Naturspiele angesehen. Auch konnte er nicht ahnen, dass sie eines Tages Karriere als wichtige Zeugen der Evolutionslehre machen und damit entscheidend zum Ruhm Steinheims als Fossilfundstelle beitragen würden. Dieser besondere Aspekt wird weiter unten (s. S. 100) im Zusammenhang mit der Diskussion dieser Schnecken noch genauer zu betrachten sein.

An dieser Stelle wollen wir uns im weiteren auf die Erforschung der Wirbeltiere konzentrieren, die eng mit dem Stuttgarter Naturalienkabinett verbunden ist und die ebenfalls zur Bedeutung der Fossilfundstelle Steinheim Wesentliches beigetragen hat.

Die Erhebung der Erforschung der fossilen Wirbeltiere zur Wissenschaft geht auf Georges Cuvier (1769–1832) (Abb. 93) zurück, einen Schüler der weithin berühmten Stuttgarter Hohen Carlsschule, der später als Professor in Paris mit seinem zwischen 1812 und 1836 in mehreren Auflagen erschienenen vielbändigen Werk »Recherches sur les ossemens fossiles« die Grundlagen für diesen Forschungszweig legte. Cuvier prägte eine ganze Generation wissensdurstiger, junger Naturforscher, darunter auch Georg Friedrich Jäger (1785–1866), der einen Teil seiner Ausbildung bei seinem großen Vorbild in Paris erhielt. Von 1817 an war Jäger (Abb. 94), der auch als Arzt und Professor am Oberen Gymnasium in Stuttgart tätig war, dann für mehrere Jahrzehnte »Aufseher«, d.h. Leiter des Königlichen Naturalienkabinetts in Stuttgart.

Abb. 93. Baron Georges de Cuvier (1769–1832; Begründer der Wirbeltierpaläontologie).

In dieser Funktion veröffentlichte er ein großes Werk »Ueber die Fossilen Säugethiere, welche in Würtemberg aufgefunden worden sind« (1835/1839), in dem erstmals Steinheimer Säugetierfossilien ausführlich beschrieben und abgebildet wurden. Dem damaligen Kenntnisstand entsprechend wurden von den 12 beschriebenen Arten manche mit noch heute lebenden in Verbindung gebracht, aber Jäger erkannte durchaus schon, dass andere, z.B. die Nashörner, ausgestorbenen Arten angehören mußten.

Mit dem zunehmenden Sandabbau in Steinheim wuchs auch die Zahl der Funde, sodass Oskar Fraas (1824–1897), der Nachfolger Jägers am Naturalienkabinett als Konservator und Direktor und zugleich einer der bedeutendsten Paläontologen, die Württemberg hervorgebracht hat, 1870 eine umfassende Monographie der bis dahin bekannten Wirbeltierreste veröffentlichen konnte (Abb. 95). 1885 wurde diese noch um einen Nachtrag erweitert. Dieses Werk mit seinen ausführlichen Beschreibungen und den großformatigen Tafelabbildungen machte Steinheim mit einem Schlag zur bedeutendsten Tertiärfundstelle in Deutschland. Das Spektrum der Säugetiere war inzwischen auf 27 Arten angewachsen, aber das zusätzliche Vorkommen von Fischen, Lurchen, Kriechtieren und Vögeln sowie die Funde ganzer Skelette, zuerst eines Gabelhirsches, dann eines Wassermoschustieres und schließlich 1883/1884 gar eines Mastodonten, also eines ausgestorbenen Rüsseltieres, trugen entscheidend zum wachsenden Ruhm Steinheims als Fundstelle fossiler Wirbeltiere bei. Dass dieser Ruhm auch das Interesse anderer Museen und Universitätsinstitute weckte, ist nicht verwunderlich. Da traf es sich gut, dass Fraas bei seinen Besuchen in Steinheim ein solides Vertrauensverhältnis zu Andreas Pharion aufbauen konnte, der die größte Steinheimer Sandgrube seit 1868 betrieb. Vielleicht half ihm bei dieser psychologisch

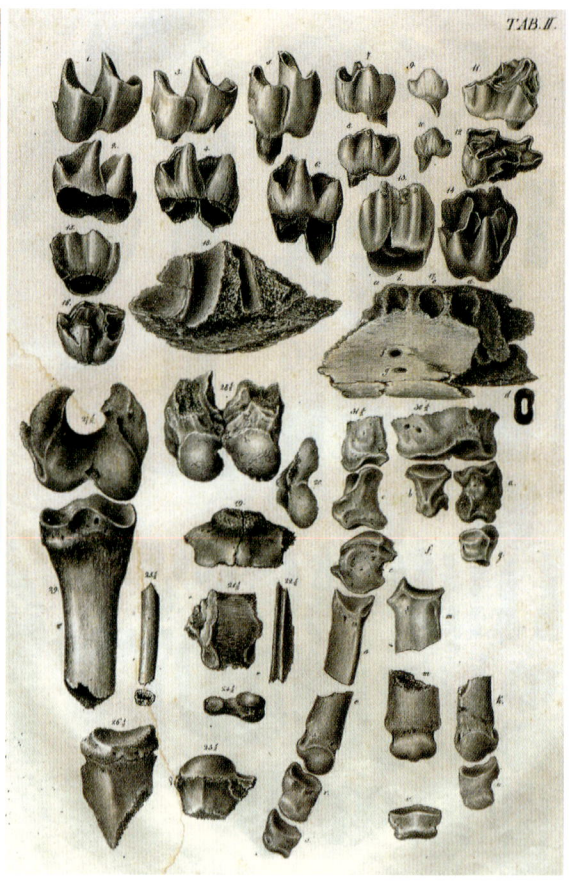

Abb. 94. Georg Friedrich Jäger (1785–1866; »Aufseher« am königlich württembergischen Naturalienkabinett).
rechts: Tafel mit Zähnen und Knochen des kleinsten Nashorns *(Dicerorhinus steinheimensis)* aus den Tertiärablagerungen von Steinheim; aus Georg Friedrich Jägers Werk »Ueber die fossilen Säugethiere, welche in Würtemberg aufgefunden worden sind« aus dem Jahre 1835.

heiklen Aufgabe auch, dass er ursprünglich Pfarrer war und daher über ein entsprechendes Einfühlungsvermögen verfügte. Auf diese Weise gelangten jedenfalls die bedeutendsten Funde nach Stuttgart, wenn auch der ständige Strom von Neufunden dafür sorgte, dass für andere Interessenten auch etwas abfiel, sodass man heute in den Ausstellungen und Sammlungen vieler Museen Funde aus Steinheim bewundern kann. Bis ins American Museum of Natural History in New York fanden Steinheimer Fossilien ihren Weg und künden noch heute in dessen Ausstellung von der Entwicklung der Säugetiere während der Tertiärzeit.

Dass es dazu kam, hängt mit den Aktivitäten von Eberhard Fraas (1862–1915), dem Sohn und Nachfolger von Oskar Fraas in der Leitung des Stuttgarter Naturalienkabinetts zusammen. Eberhard Fraas (Abb. 40) interessierte sich zwar mehr für die geologische Seite der Entstehung des Steinheimer Kraters (s. S. 41) als für die Fossilien, in seinem Bemühen die internationale Position seines Museums zu festigen, knüpfte er aber Kontakte zu verschiedenen ausländischen Institutionen, darunter auch zum New Yorker Naturkundemuseum und zu Henry Fairfield Osborn (1857–1935), dessen späteren Präsidenten. Anders als heute wurden solche Kontakte damals vor allem durch Austausch von Sammlungsmaterial gefestigt und auf diese Weise gelangten auch Steinheimer Funde über den »Großen Teich«.

Abb. 95.
unten: Tafel mit dem Skelett eines Steinheimer Gabelhirsches in Fundlage auf einer Sedimentplatte aus der von Oscar Fraas 1870 veröffentlichten Monographie der Steinheimer Wirbeltiere. Typisch für die Erhaltung ist der über den Rücken zurückgebogene Schädel, der eine Austrocknung der Leiche vor der endgültigen Einbettung anzeigt (vgl. Abb. 147). Breite der Platte: etwa 75 cm.
rechts: Oscar Fraas (1824–1897; Pfarrer, Nachfolger von G. F. Jäger am Stuttgarter Naturalienkabinett).

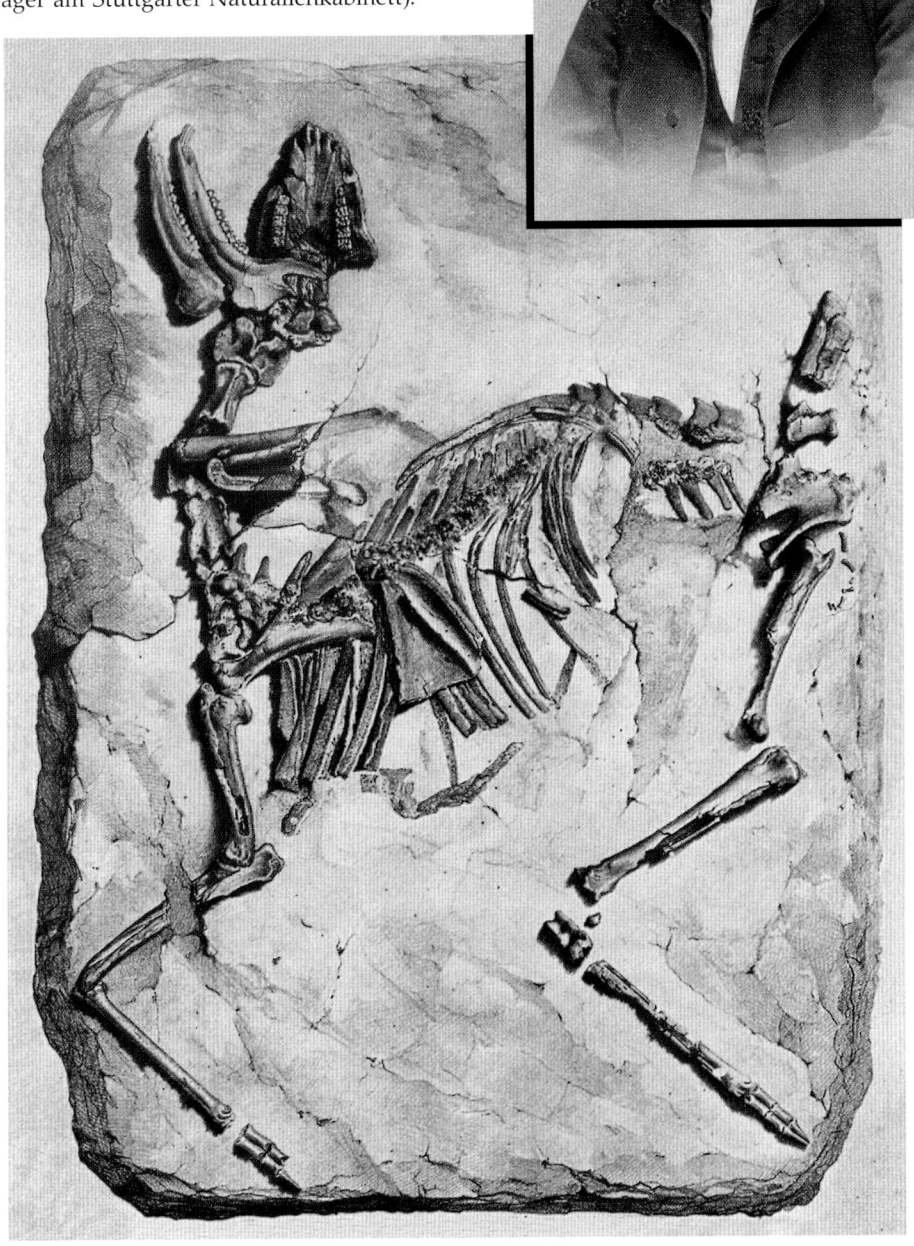

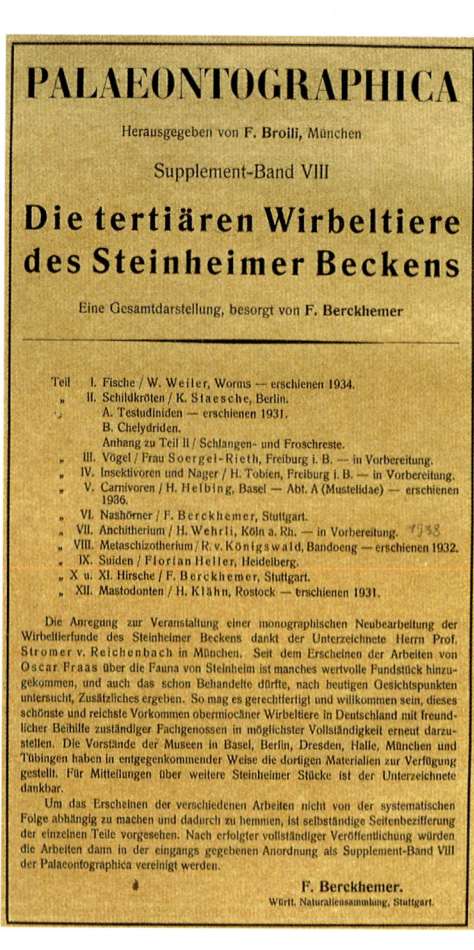

Abb. 96. **links:** Übersicht über die einzelnen Teile der von Fritz Berckhemer angeregten Monographie der Steinheimer Wirbeltiere in einem Supplementband der Zeitschrift Palaeontographica.
oben: Fritz Berckhemer (1890–1954; Leiter der geologisch-paläontologischen Abteilung des Staatlichen Museums für Naturkunde Stuttgart).

Da mit dem Sandabbau ständig weitere Funde zum Vorschein kamen, nahm Fritz Berckhemer (1890–1954), der Schwiegersohn und Nachfolger von Eberhard Fraas am nunmehr Württembergische Naturaliensammlung genannten Stuttgarter Museum die mühsame Aufgabe in die Hand, eine monographische Neubearbeitung der gesamten Wirbeltierfauna auf den Weg zu bringen (Abb. 96). Dazu sollten die besten Spezialisten der einzelnen Tiergruppen in einer eigens dafür eingerichteten Supplement-Reihe der renommierten Zeitschrift Palaeontographica ihren Beitrag leisten. Eröffnet wurde die Neubearbeitung 1931 mit einer Bearbeitung der »Schildkröten des Steinheimer Beckens« durch Karl Staesche (1902–1981) vom Stuttgarter Museum und relativ rasch aufeinander folgten in den Jahren zwischen 1931 und 1938 die Untersuchungen weiterer Gruppen. Danach geriet das Projekt ins Stocken. Berckhemer hatte 1933 in Steinheim an der Murr den Schädel eines Urmenschen (»*Homo steinheimensis*«) geborgen und verständlicherweise verlagerte sich sein Interesse in den anschließenden Jahren infolgedessen vom Tertiär mehr und mehr zum Eiszeitalter. Der Ausbruch des Zweiten Weltkrieges tat ein übriges.

Nach dem Krieg ging der Sandabbau merklich zurück, sodass auch Neufunde kaum noch gemacht wurden, die die Wiederaufnahme der Arbeit an dem Werk hätten stimulieren können. Schließlich fiel mit dem Tod Berckhemers 1954 auch der ursprüngliche Motor des Unternehmens aus.

Aus ihrem wissenschaftlichen Dornröschenschlaf geweckt wurde die Fundstelle durch Elmar P. J. Heizmann (*1943) (Abb. 97). Mit seiner auf Anregung des Schweizer Wirbeltierpaläontologen Johannes Hürzeler (1908–1995) an der Universität Basel vorgelegten Doktorarbeit über die Raubtiere der Fundstelle belebte er die Serie der Palaeontographica-Arbeiten neu und sorgte für deren Fortführung durch Marian Mlynarski (Krakau) und Guanfang Chen (Peking). Die im Zuge seiner Untersuchungen von 1969 bis in die 80er Jahre durchgeführten systematischen Grabungen haben eine Vielzahl neuer Erkenntnisse über den Kratersee und seine Tier-und Pflanzenwelt gebracht. Ein guter Teil der im Museum gezeigten Funde geht auf diese Grabungsaktivitäten zurück. Die Anerkennung dieser Bemühungen blieb nicht aus: 1975 wurde Steinheim auf einem Internationalen Kongress von Erdwissenschaftlern in Bratislava (Slowakei) zur Bezugs- oder Leitfundstelle für einen bestimmten Abschnitt des europäischen Miozäns erklärt, also als Lokalität, die diesen Zeitabschnitt charakterisiert. Mehrfach

Abb. 97. Elmar P. J. Heizmann (*1943; kommissarischer Leiter der geologisch-paläontologischen Abteilung des Staatlichen Museums für Naturkunde in Stuttgart).

wurden die Forschungsarbeiten durch die Deutsche Forschungsgemeinschaft unterstützt. Hervorzuheben ist aber auch die reibungslose Zusammenarbeit mit der Gemeindeverwaltung Steinheim während der letzten drei Jahrzehnte, die unter ihren Bürgermeistern Manfred Bezler (1924–1972) und Dieter Eisele (*1938) stets ein offenes Ohr für die Wünsche der Geologen und Paläontologen hatte und ihnen, wo immer möglich, mit Rat und Tat zur Seite stand.

In jüngster Zeit hat sich das Forschungsinteresse vor allem auf die ältesten Ablagerungen des Sees und ihren Fossilinhalt konzentriert, die in einem Projekt in den Jahren 1994-1996 in einer interdisziplinären Arbeitsgruppe unter Leitung von Elmar P. J. Heizmann und Klaus Bandel (Hamburg) untersucht wurden.

Aber selbst nach fast zweihundert Jahren intensiver Forschungstätigkeit sind noch längst nicht alle Fragen geklärt. Wenn wir uns auch inzwischen ein ungefähres Bild von den Verhältnissen in Steinheim vor 14 Millionen Jahren machen können, so sind doch noch viele Einzelheiten unbekannt. Wir wissen z.B. noch sehr wenig über den Fossilinhalt der jüngsten Seeablagerungen, eine Frage, mit deren Klärung vielleicht der Zeitpunkt der Verlandung des Sees festgelegt werden kann. Wenn auch die Anzahl noch zu entdeckender neuer Arten vermutlich begrenzt ist, so sind doch die ökologischen Beziehungen zwischen Kraterfauna und Tierwelt der Umgebung in vielen Punkten noch ungeklärt. Die Querverbindungen zu den Ablagerungen des nur 10 km südlich von Steinheim beginnenden Molassebeckens können noch präzisiert werden. Ebenso ändern sich die Methoden der Forschung, woraus mitunter neue Forschungsansätze entstehen. Über die Entwicklung der Pflanzenwelt und damit des Klimas während der wechselvollen Geschichte des Sees sind wir bisher nur unzureichend informiert, da die meisten Funde aus einem bestimmten Schichtpaket stammen. Es bleibt also auch für die Zukunft noch genug zu tun!

Pflanzen – Klimaanzeiger und mehr

Für die Rekonstruktion nicht nur der Klimaverhältnisse, sondern der ganzen Lebensbedingungen an einer Fundstelle bilden Pflanzenfossilien eine unabdingbare Voraussetzung. Die an einer Fundstelle vorhandene Pflanzengemeinschaft gibt uns wichtige Hinweise auf die einst bestehenden Lebensräume und ermöglicht damit erst eine Zuordnung der vorgefundenen Tierreste zu solchen Biotopen. Da Pflanzen fast nie vollständig überliefert werden, hat es sich eingebürgert, je nach Überlieferung die einzelnen Pflanzenteile (Makroreste: Holz, Blätter, Blüten, Samen; Mikroreste: Pollen bzw. Sporen) getrennt zu untersuchen. Die Kenntnis der Steinheimer Flora, die wir den Untersuchungen von Hans-Joachim Gregor (Olching) und Günter Schweigert (Stuttgart) verdanken, beruht vor allen Dingen auf Blattabdrücken, seltener sind solche von Sprossen, Zweigen oder Blüten; Samen beschränken sich auf wenige Arten; Holzreste kennt man von der Fundstelle nicht, wie überhaupt die organische Substanz der Pflanzen nicht überliefert ist.

Pflanzenabdrücke finden sich gehäuft in den sogenannten Pflanzenschichten, feinplattigen Kalken aus dem tieferen Teil der mittleren Seeablagerungen (sulcatus-Schichten). Genau genommen bezieht sich unsere Rekonstruktion der Verhältnisse also im wesentlichen nur auf diesen Zeitbereich, während die Vegetationsentwicklung davor und danach nur bruchstückhaft bekannt ist.

Die Vegetation am und im Steinheimer See weist zu dieser Zeit – und wohl nicht nur dann – eine deutliche Zonierung auf (Abb. 98): In den ufernahen Bereichen des Sees gediehen zahlreiche Wasserpflanzen, an die sich am Ufer ein Schilfgürtel anschloß. Dieser ging in

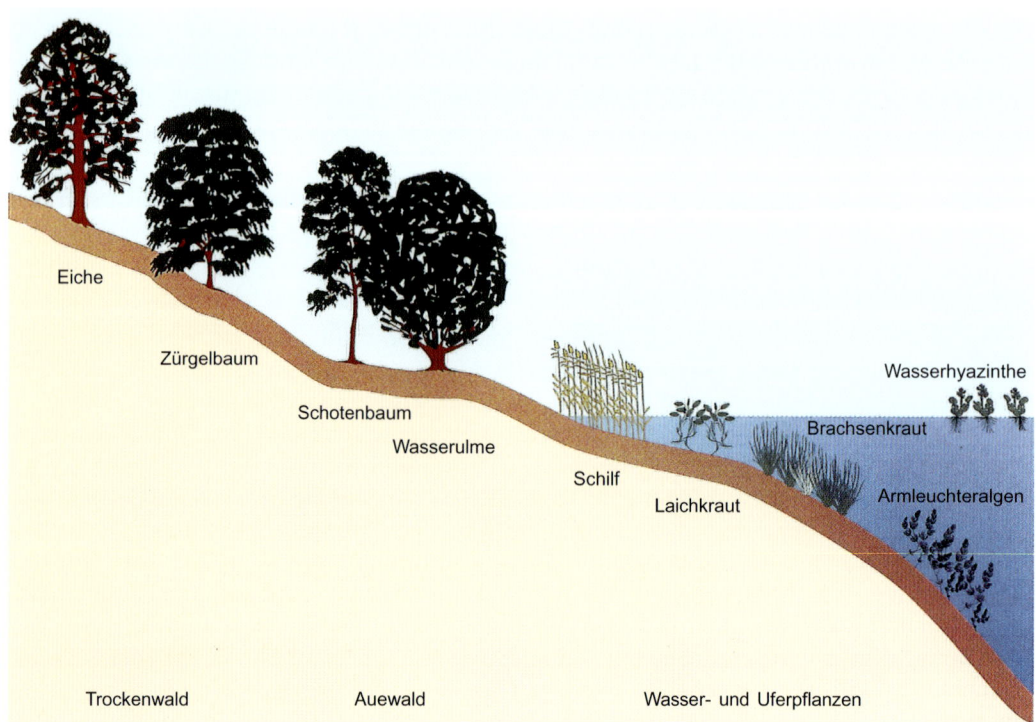

Abb. 98. Abfolge der Vegetation am miozänen Steinheimer Kratersee.

Abb. 99.
links: Aus Stängeln von Armleuchteralgen (Characeen) aufgebauter Kalk; Breite des Handstücks: 10,5 cm.
rechts: Fortpflanzungsorgane (Gyrogonite) fossiler Armleuchteralgen; Durchmesser der einzelnen Gyrogonite etwa 1 mm.

einen feuchten Auenwald über, der in der Umgebung des Kraters von einem Trockenwald abgelöst wurde. Mit dem späteren Absinken des Seespiegels drang der Trockenwald von der Hochfläche bis in die höheren Bereiche der Kraterhänge vor. Der Pflanzenwuchs bewirkte im Laufe der Zeit eine Konsolidierung der anfangs sehr instabilen Hänge, sodass Rutschungen später nur noch vereinzelt auftraten. Sie sind aber auch noch im mittleren Teil der Seeablagerungen nachgewiesen.

Während des Anstiegs des Seespiegels bis zur Überflutung des Zentralhügels entstanden um dessen Flanken und schließlich auch auf seiner Höhe im flachen Wasser von Blaualgen gebildete Algenriffe. Auf alten Fotografien ist deren ringförmige Anordnung gut zu erkennen. Heute zeugen nur noch der »Wäldlesfels« auf dem Steinhirt (Abb. 83) und spärliche weitere Stotzen am Westhang des Zentralhügels von dieser Situation, da viele der Felsen im 19. Jahrhundert für den Bau der Eisenbahnstrecke Aalen–Ulm gesprengt und abtransportiert wurden. Winzige Kieselalgen kamen im See ebenfalls vor. Sie sind aber im einzelnen noch nicht wissenschaftlich bearbeitet.

Weitere Bestandteile der Seevegetation sind Armleuchteralgen *(Chara)*, die in ihrem Aussehen ein wenig an Schachtelhalme erinnern (Abb. 99). Ihre Stängelstücke kommen beim Auswaschen der Sedimente zahlreich zum Vorschein. Ihr Überlieferungspotential ist deswegen so hoch, weil sie schon zu Lebzeiten Kalk in ihre Stängel einlagerten. Sie bildeten offensichtlich ganze Unterwasserwiesen, wie wir das auch von manchen heutigen Seen kennen. Die der Fortpflanzung dienenden, kugeligen Gyrogonite dieser Algen sind im mittleren Bereich der Seeablagerungen ausgesprochen selten, möglicherweise, weil sie nicht so stark verkalkt waren. Im älteren Teil der Seeablagerungen sind sie offensichtlich häufiger. In diesen Schichten konnten mit ihrer Hilfe 15 verschiedene Arten von Armleuchteralgen nachgewiesen werden. Laich- und Brachsenkräuter *(Potamogeton, Isoetes)* sowie schwimmende Wasserhyazinthen *(Eichhornia)* ergänzten das Spektrum der Wasserpflanzen.

Abb. 100. Abdruck eines Pappelblattes *(Populus balsamoides)*. Länge mit Stiel: etwa 17 cm.

Der den Uferbereich beherrschende, von Schilf *(Phragmites)* und anderen Gräsern *(Cladiocarya)* gebildete Riedgürtel war wegen der Steilheit der Kraterhänge nur schmal und vielleicht auch nicht durchgehend um den See und um die zentrale Insel herum entwickelt.

Dies gilt auch für den landwärts anschließenden Auenwaldgürtel, der von einer reichlichen Bodendurchfeuchtung abhängig war. Dominiert wurde dieser vom Schotenbaum *(Podocarpium)*, dessen heutige, hauptsächlich in Ostasien und Nordamerika verbreitete Arten ein gemäßigtes Klima bevorzugen. Seinen Namen hat der zu den Johanniskrautgewächsen gehörende Baum von seinen langen, schotenförmigen Früchten. Wasserulmen *(Zelkova)* fanden hier ebenso einen geeigneten Standort wie Pappeln *(Populus,* Abb. 100) oder Erlen *(Alnus)*. Um einen echten Sumpfwald, wie auch schon vermutet wurde, wird es sich dabei nicht gehandelt haben, da typische Anzeiger wie Sumpfzypressen *(Glyptostrobus)* oder Farne fehlen bzw. nur durch Pollen nachgewiesen sind, die auch von weiter her stammen können (siehe weiter unten).

Der Trockenwald, in den der Auenwald zur Hochfläche hin überging, war auch der vorherrschende Vegetationstyp in der Umgebung des Kraters. Da die Auenwaldzone nur schmal war, konnten die Blätter seiner Bäume in den See eingeweht und so in dessen Ablagerungen eingebettet werden. Wie der Name schon sagt, überwogen in diesem Waldtyp trockenheitstolerante Arten: Typisch ist der Zürgelbaum *(Celtis)*, dessen Nüsschen nicht allzu selten als Steinkerne gefunden werden. Heutige Arten dieser anspruchslosen Ulmengewächse kennt man aus dem gesamten Mittelmeerraum einschließlich Nordafrikas und Westasiens. Mit heutigen mediterranen Eichen verwandte Bäume *(Quercus)* oder Walnuss- und Pistaziengewächse *(Juglans, Pistacia)* gehörten ebenfalls zum Bestand dieses Waldtyps (Abb. 101). An den Bäumen rankten sich mancherlei Lianen empor, z.B. solche aus der Verwandtschaft der Stechwinden *(Smilax)*. Buchs *(Buxus)*, Eisenholz *(Parrotia)* und Götterbaum *(Ailanthus)* ergänzten das Spektrum, auch die Robinie *(Robinia)*, ein typischer Vertreter der Pioniervegetation, war vermutlich Bestandteil dieser Vergesellschaftung. Der sonst an mittelmiozänen Fundstellen wie z.B. Öhningen häufige Ahorn *(Acer)* war – nach der Fundhäufigkeit zu schließen – in Steinheim sehr selten. Das trifft auch auf ein Rautengewächs zu, das den deutschen Namen Zahnwehholz trägt *(Zanthoxylum)*, da nordamerikanische Indianer heutige Arten zur Linderung von Zahnschmerzen verwenden, indem sie auf ihm kauen. Im Nördlinger Ries hat man Samen dieser Gattung häufiger gefunden. An lichten Stellen gediehen Rosen *(Rosa)*.

Einige wenige Arten lassen sich nicht eindeutig einem der aufgeführten Vegetationsbereiche zuordnen. Dazu gehören die Hekkenkirsche *(Lonicera)* und der Zimtbaum *(Daphnogene)*. Letzterer ist ein Vertreter der immergrünen Lorbeergewächse, die in Ablagerungen des Untermiozäns in Mitteleuropa das beherrschende Florenelement darstellen, im Mittelmiozän von Steinheim aber nur noch von gänzlich untergeordneter Bedeutung sind.

Auffällig ist das völlige Fehlen von Nadelhölzern in der Steinheimer Flora. Eine Untersuchung der in den Steinheimer Seeablagerungen erhaltenen Pollen durch M. Kirchner (Stuttgart) hat zwar mit 8 Gattungen einen überzeugenden Nachweis dieser Pflanzengruppe gebracht, da aber nie ein Makrorest

Abb. 101. Kalkplatte mit Abdruck eines Fiederblattes des Nussbaums *Juglans acuminata*. Höhe der Platte: etwa 30 cm.

gefunden wurde, ist die Wahrscheinlichkeit groß, dass diese leicht vom Wind zu transportierenden Pollen aus der weiteren Umgebung eingeweht wurden. Das erklärt auch, warum die fast 90 Arten umfassende Liste der Pollen so viel umfangreicher ist als die auf etwa 35 Arten beschränkte Liste der Makroreste.

Für die Rekonstruktion des Klimas spielt die Vegetation neben den aus den Sedimenten direkt zu gewinnenden Daten eine entscheidende Rolle. Eine mit der fossilen Flora von Steinheim völlig identische heutige Flora ist nicht bekannt. Dennoch gibt es Bezüge zu gegenwärtigen Pflanzengesellschaften wie etwa den Eichenwäldern des Balkans oder den Reliktwäldern des Transkaukasus, die auf ähnliche klimatische Bedingungen schließen lassen. Der in Steinheim zu beobachtende starke Rückgang der Lorbeergewächse gegenüber älteren, untermiozänen Floren ist ein deutliches Indiz für einen in diese Zeit fallenden Temperaturrückgang und eine gleichzeitige Zunahme der Saisonalität, d.h. einer zunehmenden Ausprägung von Jahreszeiten. Insgesamt war das mittelmiozäne Klima auf der Schwäbischen Alb mit einer mittleren Jahrestemperatur von 14-16° aber noch deutlich wärmer, als das heute der Fall ist. Diese warm-gemäßigten Verhältnisse entsprechen etwa dem nördlichen Mittelmeerraum. Weitere Hinweise auf das Klima lassen sich aber auch aus der Tierwelt ablesen: Gerade unter den Wirbeltieren gibt es eine ganze Reihe von Arten wie z.B. die Scheltopusiks unter den Reptilien oder die Wassermoschustiere bei den Säugern, deren heutige Verwandte in warmen Klimaten leben.

Wirbellose

Schnecken – Zeugen der Evolution

Unter der Vielfalt tierischer Organismenreste aus Steinheim nehmen die Schnecken einen ganz besonderen Platz ein und das nicht nur, weil sie viele Horizonte der Seeablagerungen massenhaft anfüllen, ja sogar stellenweise geradezu sedimentbildend sind. Entscheidender ist ihre wissenschaftshistorische Bedeutung, die eng mit der Entdeckung verknüpft ist, dass das Leben auf der Erde einem Entwicklungsprozess unterworfen ist.

Schnecken waren auch die ersten Fossilreste aus Steinheim, denen Beachtung geschenkt wurde. Es war schon die Rede davon, dass die glänzenden, weißen Schälchen bereits den steinzeitlichen Menschen auffielen und dass ihre erste gedruckte Beschreibung durch Rosinus Lentilius bereits zu Beginn des 18. Jahrhunderts erschien (s. S. 90).

Lentilius erkannte den Fossilcharakter der Schneckenschalen noch nicht. Die Ähnlichkeit vieler Fossilien mit heute lebenden Organismen führte in der Folge aber fast zwangsläufig dazu, sie mit diesen zu vergleichen und sie schließlich auch als Überreste von Lebewesen zu begreifen. Schon ein halbes Jahrhundert nach Lentilius hatte sich diese Erkenntnis weitgehend durchgesetzt.

Dennoch sollte es noch bis in die zweite Hälfte des 19. Jahrhunderts dauern, bis die Steinheimer Schnecken endgültig ins Rampenlicht wissenschaftlicher Diskussion gelangten. Zu verdanken ist dies Franz Hilgendorf (1839–1904) (Abb. 102), der zeitweilig bei dem berühmten Tübinger Paläontologen Friedrich August Quenstedt (1809–1889) (Abb. 37) studierte und später als Kustos am Zoologischen Museum in Berlin und als Zoologieprofessor in Japan tätig war. Anläßlich einer zusammen mit Quenstedt 1862 durchgeführten Exkursion nach Steinheim fiel ihm auf, dass die verschiedenen Lagen des Sandes unterschiedliche Schneckengehäuse enthielten. Weitere Untersuchungen erbrachten, dass die Gehäuse von Lage zu Lage sich mehr oder weniger kontinuierlich verändern. Im Lichte der kurz zuvor 1859 von Charles Darwin (1809–1882) in dem Werk »On the origin of species« (Vom Ursprung der Arten) entwickelten Evolutionstheorie reifte in Hilgendorf die fundamentale Überzeugung, dass es sich bei dem von ihm entworfenen und 1867 veröffentlichten »Steinheimer Schneckenstammbaum« (Abb. 102) um einen konkreten Nachweis für die Richtigkeit dieser Theorie handeln müsse. Es ist daher kein Wunder, dass seine Untersuchungen alsbald Gegenstand heftiger Kontroversen im Zusammenhang mit der zunächst sehr umstrittenen Evolutionslehre wurden, Kontroversen, an denen er sich als glühender Verfechter dieser Theorie zeitlebens beteiligte. Dass die grundsätzlichen Überlegungen Hilgendorfs heute, mehr als 130 Jahre später vorbehaltlos anerkannt sind und nach wie vor als Paradebeispiel für die Evolutionstheorie gelten, spricht für die Sorgfalt, mit der Hilgendorf einst seine Studien durchführte.

Hilgendorfs Stammbaum umfasst eine Haupt- und mehrere Nebenentwicklungslinien der Tellerschnecken (Planorben) der Gattung *Gyraulus*. Das besondere an ihm ist, dass die Ausgangsform, *Gyraulus kleini*, auch andernorts in Miozänablagerungen Süddeutschlands gefunden wird, nicht aber die sich aus ihr entwickelnde Formenvielfalt, die auf Steinheim beschränkt ist. Die zunächst glatten Gehäuse entwickeln im Laufe der Zeit Kanten und werden höher, bis sie schließlich kegelförmig sind, um in den höchsten Lagen dann wieder von flacheren Gehäusen abgelöst zu werden. In heutigen Langzeitseen wie etwa dem Ochridsee auf dem Balkan, in denen über lange Zeiträume relativ konstante Lebensbedingungen herrschen, findet man ähnlich unterschiedlich entwickelte Arten von Schnecken

Abb. 102.
links: Franz Hilgendorf (1839–1904; Custos am Zoologischen Museum Berlin; Ersterforscher der Steinheimer Planorbenabfolge).
unten: Stammbaum der Steinheimer Tellerschnecken (Planorben) nach Franz Hilgendorf (1879). Die meisten Gehäuse sind im Querschnitt wiedergegeben, um die Besonderheiten der Veränderung des Gehäusebaus besser erkennbar zu machen. Alle Varianten, deren Namen abgekürzt angeführt sind, wurden von ihm unter der Art *Planorbis multiformis* zusammengefasst.

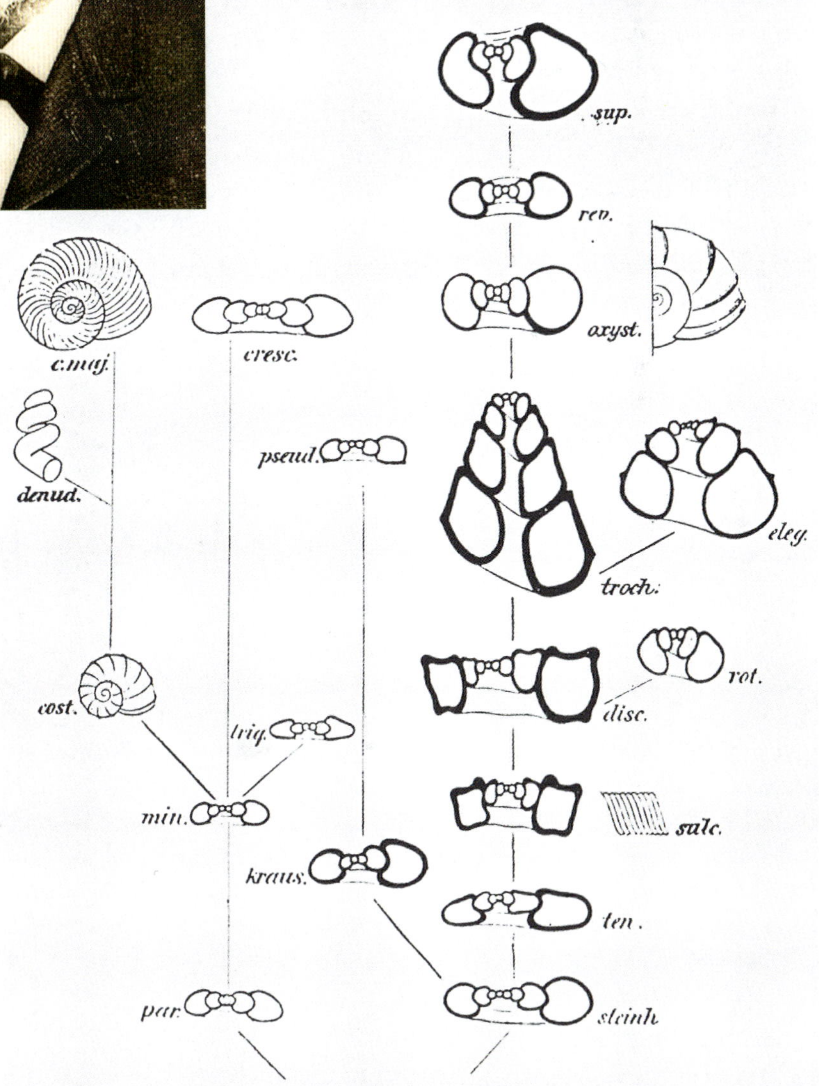

Abb. 103.
rechts: Franz Gottschick (1865–1927; Forstmeister in Steinheim am Albuch).
unten: Von Franz Gottschick montierter Kasten mit den verschiedenen Arten Steinheimer Tellerschnecken (Planorben).

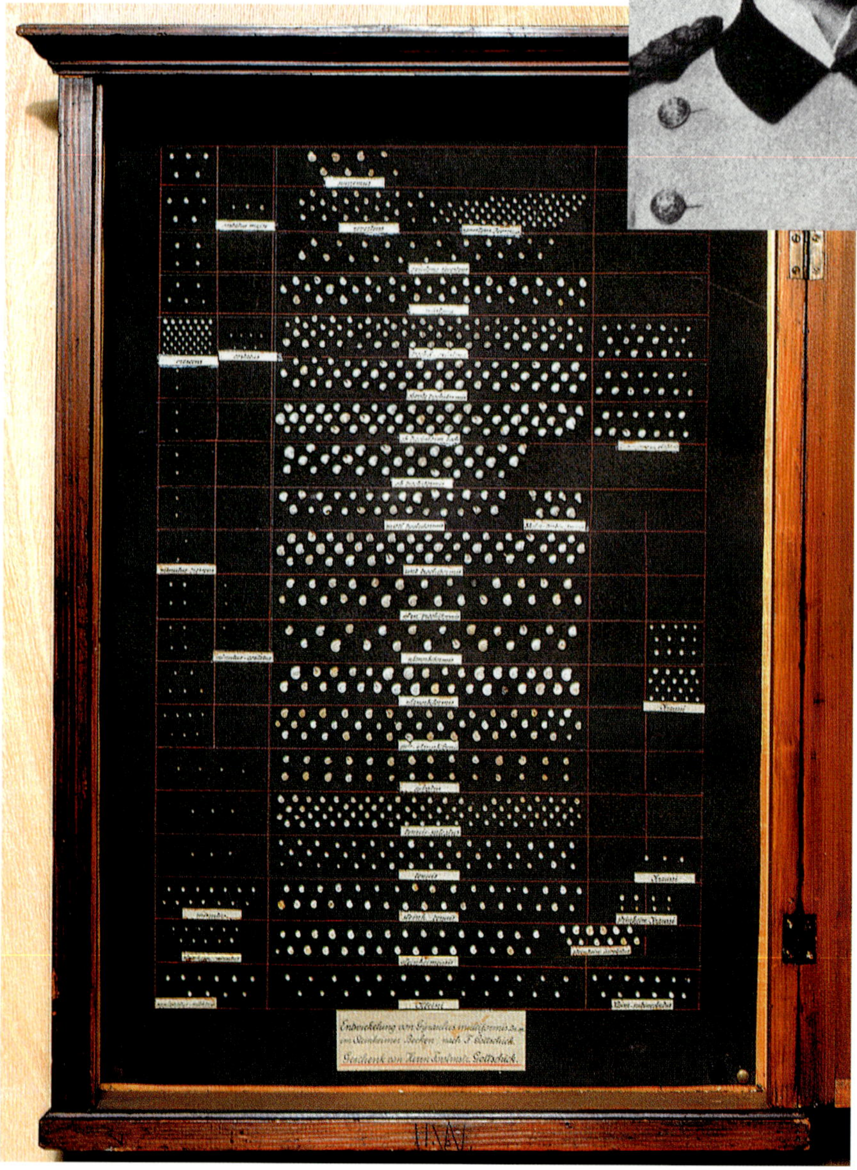

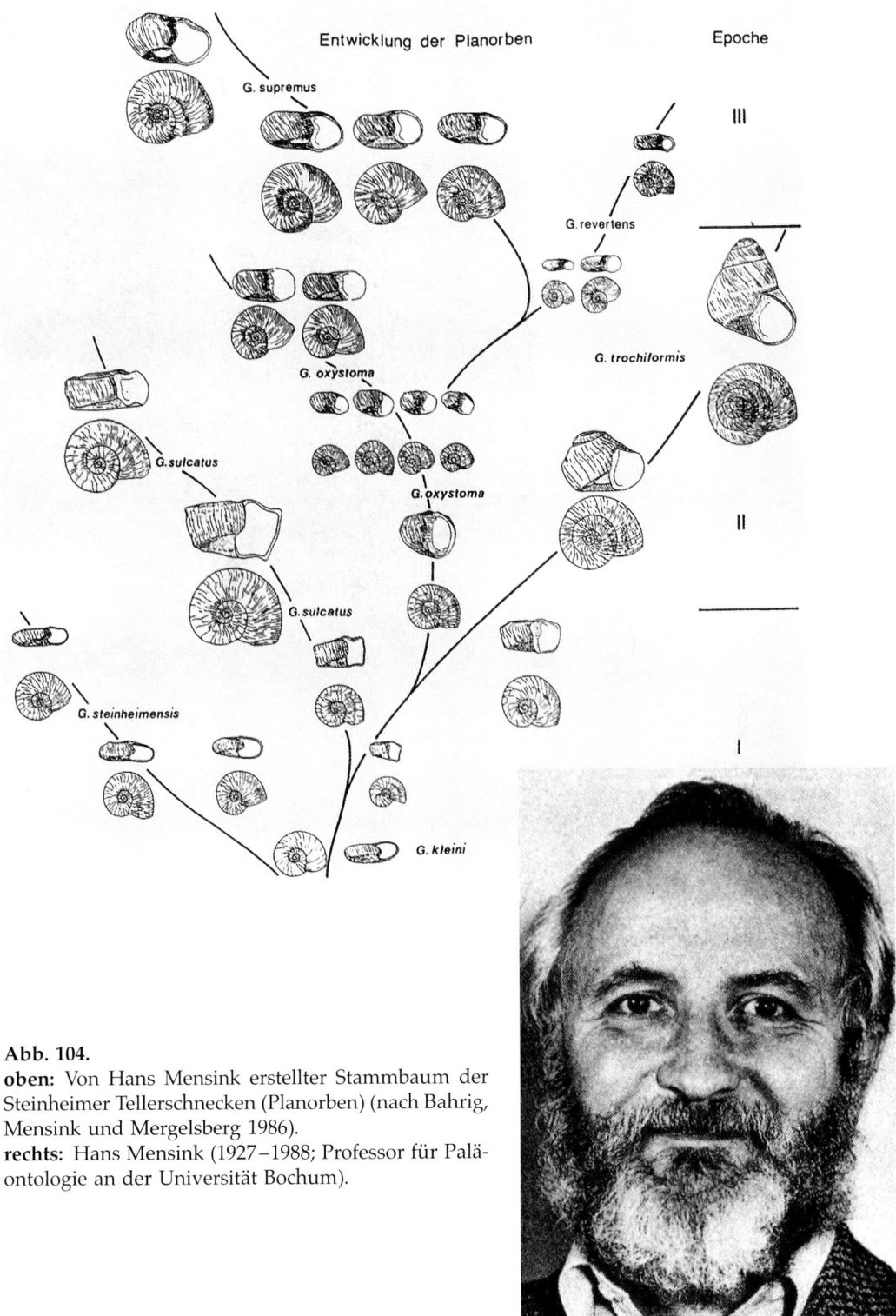

Abb. 104.
oben: Von Hans Mensink erstellter Stammbaum der Steinheimer Tellerschnecken (Planorben) (nach Bahrig, Mensink und Mergelsberg 1986).
rechts: Hans Mensink (1927–1988; Professor für Paläontologie an der Universität Bochum).

einer Gattung, weshalb man auch den Steinheimer See als Langzeitsee interpretiert hat. Bei den heutigen Beispielen handelt es sich aber um eine gleichzeitige Einnischung von nahe verwandten Arten in unterschiedliche Lebensräume eines Gewässers, während im miozänen Steinheimer See eine Entwicklung in der Zeit vorliegt.

Die Tellerschnecken sind aber keineswegs die einzigen Gastropoden, die im miozänen Steinheim existierten. Die Erfassung des gesamten, fast 100 Arten umfassenden Inventars der Wasser- und der eingeschwemmten Landschnecken geht im wesentlichen auf den Steinheimer Forstmeister Franz Gottschick (1865–1927) (Abb. 103) zurück. Durch seine jahrelange Tätigkeit vor Ort und seine Zusammenarbeit mit dem Frankfurter Schneckenspezialisten Wilhelm Wenz (1886–1945) war er wie kein zweiter für diese Aufgabe geeignet. Mit seinen Aufsammlungen untermauerte er den Hilgendorfschen Schneckenstammbaum, aber anders als dieser interpretierte er die Veränderungen der Schneckengehäuse als unvererbbare Modifikationen oder Anpassungen, welche durch heiße Quellen hervorgerufen seien, deren Existenz aus der vermeintlich vulkanischen Entstehung des Kraters abgeleitet wurde.

Erst die genaue Vermessung unzähliger Schalen von aus 70 Schichten exakt genommenen Proben und deren statistische Auswertung durch den an der Universität Bochum tätigen Hans Mensink (1927–1988) (Abb. 104) in den Jahren nach 1960 lieferte neue Argumente für eine evolutive, also vererbbare Veränderung der Steinheimer Planorbenpopulation und bestätigte damit im Grundsätzlichen die Beobachtungen Hilgendorfs. Auslöser dieser Entwicklung waren die Schwankungen des Seespiegels und der damit einhergehende Wechsel der Lebensbedingungen. Das zeigt sich besonders deutlich daran, dass zur Zeit der stärksten Eindunstung und damit des niedrigsten Seespiegels (trochiformis-Schichten) die am auffälligsten veränderten Gehäuse auftreten, eine Beobachtung, die sich auch an den Muschelkrebsen bestätigt (s. S. 107).

Durch die Regelhaftigkeit der Veränderung des Gehäusebaus können die Tellerschnecken auch für die altersmäßige Untergliederung der Steinheimer Seeablagerungen herangezogen werden (Abb. 87). Man unterscheidet daher einen nach den jeweiligen Schneckenarten benannten älteren (kleini-, steinheimensis-Schichten), einen mittleren (sulcatus-, trochiformis-, oxystoma-Schichten) und einen jüngeren Abschnitt (revertens-, supremus-Schichten) der Seeablagerungen. Mensink und seine Mitarbeiter konnten so Teile der im Krater anstehenden Seeablagerungen kartieren.

Während die Hauptentwicklungslinie der Planorben immer im Kreuzfeuer wissenschaftlichen Interesses stand, gilt dies nicht in gleichem Maße für die sogenannten Nebenentwicklungsreihen (Abb. 105). Das hängt wohl primär mit der geringen, oft nur wenige Millimeter messenden Größe dieser Arten zusammen und mit der gegenüber den Hauptformen geringeren Häufigkeit. Erst in jüngster Zeit sind sie von A. Nützel und K. Bandel (Hamburg) einer genaueren Untersuchung unterzogen worden, bei der sich herausstellte, dass auch sie die stärksten Abwandlungen zur trochiformis-Zeit aufweisen. Dabei sind folgende Kriterien für die Gehäuseveränderung maßgeblich:
– Auflösung der geschlossenen Planspirale in eine offene Planspirale, bei der sich die Gehäuseumgänge nicht mehr berühren
– Auswachsen der offenen Planspirale in die dritte Dimension, bis schließlich korkenzieherförmige Gehäuse entstehen
– Zunehmender Abstand zwischen den ursprünglich engstehenden Gehäuserippen bis zu deren völligem Verlust.

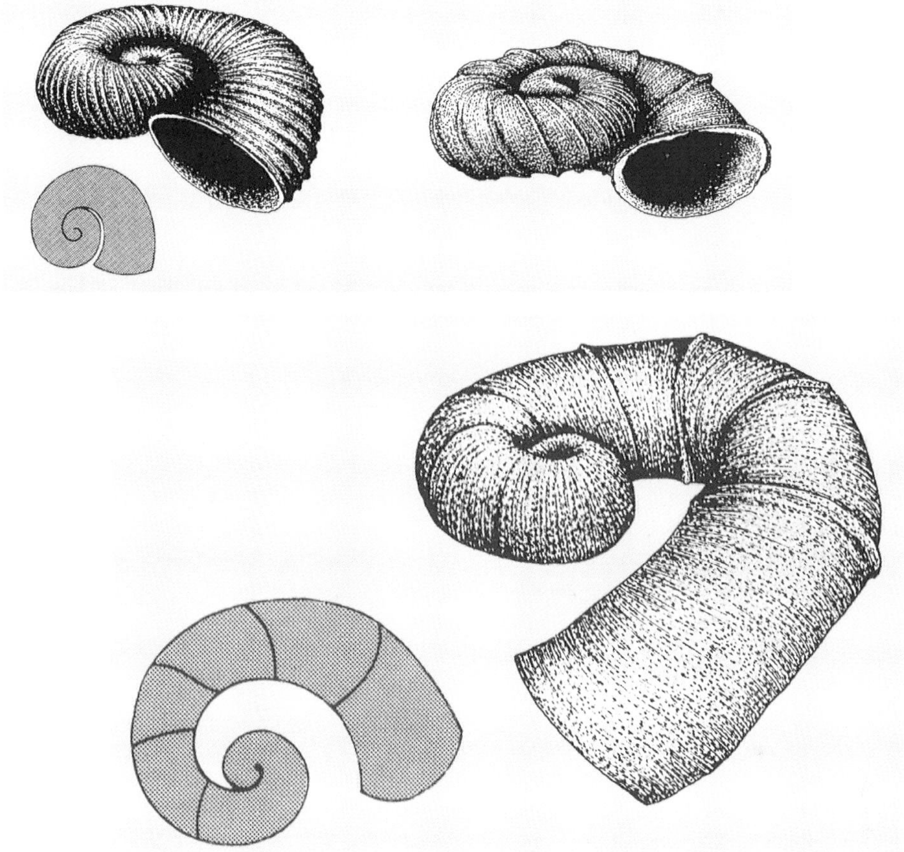

Abb. 105. Gehäuse der Nebenentwicklungsreihen Steinheimer Tellerschnecken (von links oben nach rechts unten): *Gyraulus costatus* (mit vielen Rippen); *Gyraulus costatus* (mit wenigen Rippen); *Gyraulus distortus*; *Gyraulus denudatus* (nach Nützel & Bandel 1993). Schalengröße: 2-3 mm.

Die Entwicklung ist einerseits gekennzeichnet durch immer weiteres Auseinanderrücken der Rippen bis zu deren völligem Verlust; andererseits durch die Öffnung der ursprünglich geschlossenen Gehäusespirale zunächst in der Aufwickelungsebene, schließlich aber auch in die dritte Dimension, sodass schlussendlich korkenzieherartige Gebilde resultieren.

Abb. 106. Fossile Steinheimer Land- und Wasser-Schnecken (im Uhrzeigersinn von links oben): Schlammschnecke *(Radix socialis)*, Weinbergschnecke *(Joossia insignis*, 2 Exemplare), Bänderschnecke *(Megalotrochea sylvestrina*, 2 Exemplare mit erkennbaren Farbstreifen), Posthornschnecke *(Planorbarius* sp., auf Süßwasserkalkstück). Durchmesser der größten Schale: 3 cm.

Die vorhandene Formenvielfalt und die ungeheure Zahl der Fossilfunde zeigt, dass im Steinheimer See besonders günstige Lebensbedingungen für Tellerschnecken bestanden haben müssen. Ihre Bedeutung für die Illustration der Evolutionslehre macht sie darüber hinaus zu einem Musterbeispiel für die Art und Weise, wie sich Arten entwickeln und für die Bedingungen, unter denen so etwas geschieht.

Weniger Aufmerksamkeit als die Tellerschnecken haben andere Wasserschnecken wie Schlammschnecken *(Radix)* oder Posthornschnecken *(Planorbarius)* sowie die eingeschwemmten Landschnecken erfahren (Abb. 106). Aber auch letztere weisen mit den Gattungen *Joossia* und *Triptychia*, die Weinbergschnecken bzw. Schließmundschnecken ähneln, sowie mit Bänderschnecken *(Megalotachea)*, und anderen eine gewisse Formenvielfalt auf. Wie gut die Erhaltungsbedingungen der in vielen Schichten völlig unverdrückten Schneckenschalen sind, geht zum Beispiel aus den Farbstreifen der Bänderschnecken hervor, die auch heute noch, nach Millionen von Jahren, gut zu erkennen sind.

Eine völlig untergeordnete Rolle spielen in Steinheim unter den Weichtieren die Muscheln. Winzige Erbsenmuscheln *(Pisidium)* haben in manchen Lagen ihre Schälchen hinterlassen. Derartige Muscheln kommen auch heute noch mit etwa 20 Arten in mitteleuropäischen Gewässern vor.

Muschelkrebse – klein aber oho

Schon bei den Tellerschnecken haben wir den Nutzen der Gehäuseveränderungen für die Untergliederung der Seeablagerungen kennengelernt. Die winzig kleinen, äußerstenfalls wenige Millimeter großen Schalen der Muschelkrebse (Ostrakoden) können hierzu ebenfalls herangezogen werden. Mehr noch, sie sind auch wichtige Anzeiger für Tiefe und Beschaffenheit eines Gewässers. Da sie zudem in fast allen Schichten zahlreich vorkommen, können schon mit relativ kleinen Proben statistisch aussagefähige Mengen ihrer Schalen gewonnen werden.

Ostrakoden sind winzige, in Süß- wie Salzwasser und in stehenden wie fließenden Gewässern vorkommende Krebstiere, deren Körper ähnlich wie bei Muscheln von zwei kalkigen Schalen geschützt wird (Abb. 107). Wie andere Krebse machen sie verschiedene Entwicklungsstadien durch, sodass die Schalen von Larven, Jungtieren und Erwachsenen unterschieden werden können. Sie sind eine offensichtlich sehr erfolgreiche Tiergruppe, existieren sie doch schon seit dem Kambrium, also seit etwa 570 Millionen Jahren und sind auch heute noch mit mehr als 4200 Arten äußerst formenreich.

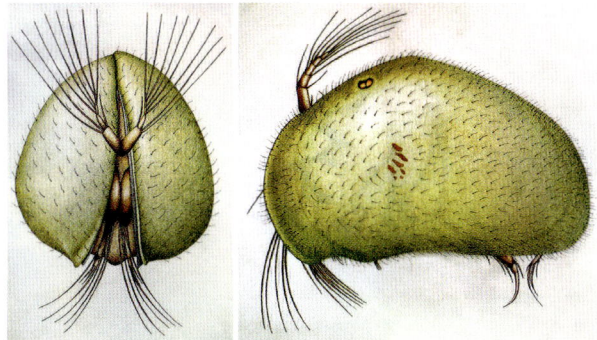

Abb. 107. Vorder- und Seitenansicht eines etwa 2,5 mm langen Muschelkrebses. Nur die Enden der Gliedmaßen ragen aus der umhüllenden Schale heraus.

Unter den 16 von Steinheim bekannten Muschelkrebsarten sind es nach den verdienstvollen Untersuchungen von Horst Janz (Tübingen) vor allem die Gattungen *Iliocypris* und *Leucocythere*, an denen sich evolutive Veränderungen der Schalenskulptur, der Größe und des Umrisses feststellen lassen (Abb. 108). Wie bei den Tellerschnecken kommen Artaufspaltungen vor und wie bei diesen finden sich die auffälligsten Veränderungen während der trochiformis-Zeit. Diese Parallelität deutet auf gemeinsame Ursachen, also auf die schon erwähnten, durch die Seespiegelabsenkung hervorgerufenen ökologischen Veränderungen im See während dieser Zeit hin.

Ein Vergleich mit den Lebensansprüchen heutiger Muschelkrebs-Arten enthüllt weitere Besonderheiten des fossilen Lebensraumes. Stellt man die Häufigkeit der heute Tiefwasser bevorzugenden *Potamocypris* derjenigen der im ufernahen Bereich lebenden Gattung *Pseudocandona* gegenüber, so stellt man unschwer fest, dass diese Häufigkeitsverteilung bei fossilen Steinheimer Vertretern der Gattungen die Schwankungen der Seetiefe wiederspiegelt (Abb. 109): Zu Zeiten des Seehochstandes während der sulcatus- und oxystoma-Zeit überwiegen Schalen der Tiefwasserform, beim niedrigen Seestand zur trochiformis-Zeit diejenigen der Flachwasserform. Damit lassen sich die an Hand der chemischen Zusammensetzung der Seeablagerungen und deren räumlicher Verteilung ableitbaren Schwankungen des Seespiegels mit Hilfe des Fossilinhalts dieser Schichten bestätigen. Auf den ersten Blick erscheint daher auch die Seltenheit der Tiefwasserform während der sulcatus-Zeit, also zur Zeit des absolut höchsten Seestandes, verwunderlich. Sie wird aber verständlich, wenn man bedenkt, dass die Sauerstoffversorgung in den tiefsten Seebereichen zu dieser Zeit vermutlich sehr schlecht war, wovon diese am Seegrund lebenden Ostrakoden direkt betroffen wurden.

Am Beispiel der Muschelkrebse zeigt sich überdeutlich, wie lange Zeit vernachlässigte Fossilgruppen entscheidend zur Klärung bis dahin ungelöster Fragen an einer Fundstelle beitragen können.

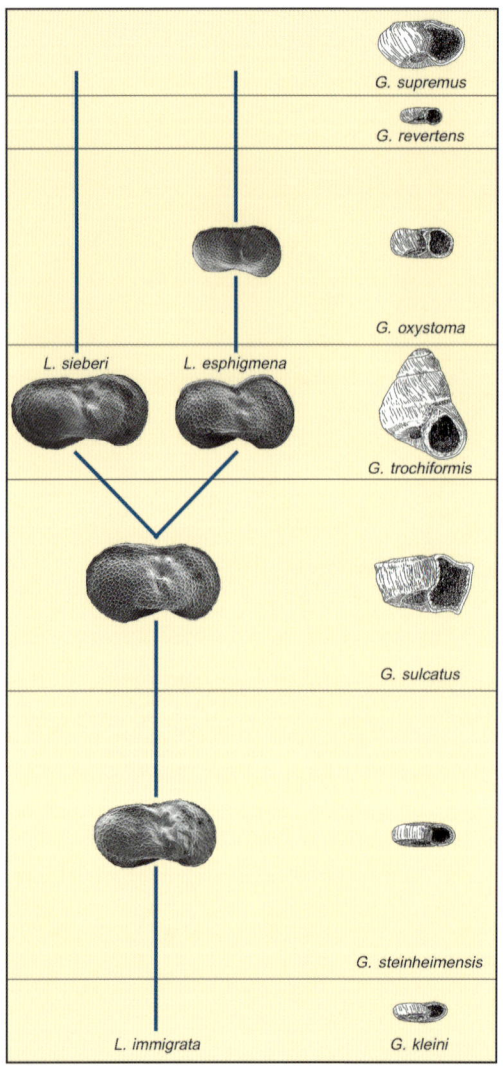

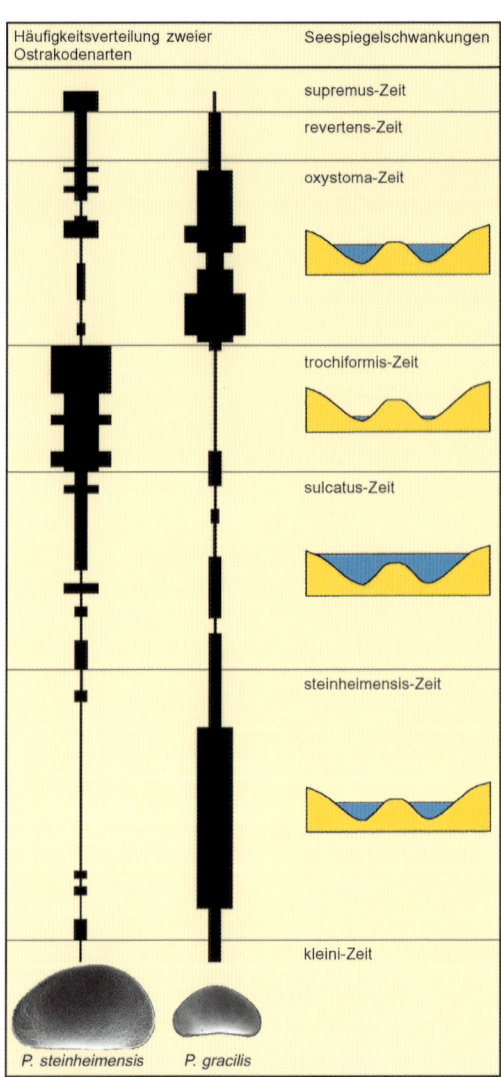

Abb. 108. Evolutive Veränderungen der Muschelkrebsgattungen *Iliocypris* und *Leucoythere* in den Steinheimer Seeablagerungen. Bei der ersteren Gattung verändern sich die Schalenhöcker, bei der letzteren Schalenform und -größe sowie der Verlauf des Rückenrandes. Wie bei den Tellerschnecken sind die Veränderungen zur trochiformis-Zeit am ausgeprägtesten. Zu dieser Zeit kommt es bei *Leucocythere* zudem zu einer Artaufspaltung (nach Janz 1998).

Abb. 109. Häufigkeitsverteilung der Muschelkrebsgattungen *Pseudocandona* und *Potamocypris* in den Steinheimer Seeablagerungen. Entsprechend den unterschiedlichen Seespiegelständen (rechts) schwankt die Häufigkeit der ufernah lebenden *Pseudocandona* und der Tiefwasserform *Potamocypris*, d.h., zu Zeiten eines seichten Sees war die Flachwasserform vorherrschend, bei höherem Seespiegel dominierte die Tiefwasserform (nach Janz 1998).

Wirbeltiere

Seinen Ruf als eine der bedeutendsten Tertiärfundstellen Europas verdankt Steinheim nicht zuletzt den dort gefundenen Wirbeltierresten. Nicht nur deren Diversität – sämtliche Wirbeltierklassen sind vertreten –, sondern vor allem auch die hervorragende Erhaltung mit vollständigen Skeletten hat zu dieser Einschätzung entscheidend beigetragen. Die Einstufung der Lokalität als Referenzfundstelle für einen bestimmten Abschnitt des Miozäns innerhalb der Untergliederung mit Säugetieren trägt dieser hervorragenden Dokumentationslage Rechnung.

Schon seit der ersten Hälfte des 19. Jahrhunderts fanden Wirbeltierreste aus Steinheim wissenschaftliche Beachtung. Aber trotz vieler Untersuchungen bis hin zu den systematischen Grabungen der 70er Jahre des 20. Jahrhunderts sind auch heute noch längst nicht alle sie betreffenden Fragen geklärt, wie überhaupt die hier gegebene Darstellung nur den gegenwärtigen Kenntnisstand der Erforschung widergibt, der zweifellos noch nicht »der Weisheit letztes Wort« ist.

Abb. 110. Platte mit Jungfischen der Schleie *Tinca micropygoptera*. Durch eine schwache Strömung sind die Fischleichen parallel und senkrecht zueinander eingeregelt worden. Länge der einzelnen Fische: 10–13 cm.

Fische – wechselvolle Lebensbedingungen im See

Dass die Verhältnisse im Kratersee wechselhaft waren, hat sich schon bei den Schnecken und Muschelkrebsen gezeigt. Bestätigt wird das auch durch die Fischfunde: Einzelne Zähne, Wirbel und Gräten kommen zwar in fast allen Lagen vor, vollständige Skelette aber überwiegend in bestimmten Bereichen der Seeablagerungen, den sogenannten Fischschichten, vereinzelt auch in den unmittelbar überlagernden Pflanzenschichten.

Diese Fischschichten – im Profil als feingebänderte Wechsellagen heller und dunkler Schichten zu erkennen – entstanden wie die Pflanzenschichten während der sulcatus-Zeit, also zur Zeit des höchsten Seestandes. In ersteren finden sich Fischskelette zu tausenden in allen möglichen Erhaltungszuständen von völlig zerfallenen Skeletten bis hin zu hervorragend erhaltenen, vollständigen Exemplaren, bei denen selbst der Körperumriß und die Abdrücke der Schuppen der Tiere noch erkennbar sind. Auch alle Altersstadien von winzigen Jungfischen (Abb. 110) bis zu halbmeterlangen ausgewachsenen Exemplaren (Abb. 111) sind dokumentiert.

Eigenartigerweise verteilen sich diese Funde auf nur zwei Arten, eine Schleie *(Tinca)* und eine Barbe *(Barbus)* (Abb. 112). Verständlich wird diese Artenarmut, wenn man bedenkt, dass der Steinheimer See vom übrigen Gewässersystem getrennt war, da der Krater lange Zeit durch einen Wall von ausgeworfenem Material gegen die Umgebung abgegrenzt war. Fische konnten in diesen See nur zufällig als an Pflanzen haftender Laich von Vögeln eingeschleppt werden, ein Besiedelungsweg, den man auch von heutigen temporären Gewässern kennt. Hinzu kam, dass die Lebensbedingungen im See sich offenbar im Laufe der Zeit verschlechterten. Untersuchungen in den ältesten Ablagerungen des Sees, den kleini-Schichten, haben ergeben, dass die Fischfauna zu dieser Zeit mit dem zusätzlichen Vorkommen von Weißfischen *(Palaeoleuciscus)* noch etwas diverser war. Außerdem waren zu dieser Zeit die Barben deutlich häufiger als die Schleien, während zur späteren sulcatus-Zeit Barben gegenüber Schleien zahlenmäßig von völlig untergeordneter Bedeutung sind. Da Schleien ungünstige Lebensverhältnisse wie Wassereintrübung oder Sauerstoffarmut wesentlich besser vertragen, drückt sich in dieser krassen Veränderung des Häufigkeitsverhältnisses eine Verschlechterung der Lebensbedingungen im See aus. Zur sulcatus-Zeit war die Sauerstoffzehrung offenbar zeitweilig so stark, dass der See umkippte, sodass es zum Massensterben der Fische kam. Die Seltenheit von Tiefwassermuschelkrebsen wurde schon als Argument für eine hohe Sauerstoffarmut in den tiefen Teilen des Sees zu dieser Zeit angeführt. Es wurde auch schon vermutet, dass Hangrutschungen zu einer Mobilisierung dieses Tiefenwassers geführt hätten, welches dadurch in höhere Seebereiche gelangt sei und so das Massensterben ausgelöst hätte. Die regelmäßige Wechsellagerung dünner heller und dunkler Lagen im Bereich der Fischschichten spricht aber eher für einen jahreszeitlich bedingten Vorgang, wie er zum Beispiel durch Algenblüten verursacht werden kann. Nach der sulcatus-Zeit verbesserte sich die Durchlüftung des Sees wieder. Das weitere Vorkommen isolierter Fischreste belegt, dass die Massensterben jener Zeit nicht zur völligen Vernichtung der Fischpopulation geführt haben. Vermutlich waren diese Katastrophen deshalb nur auf Teilbereiche des Sees beschränkt.

Abb. 111. Ausgewachsenes Exemplar der Schleie *Tinca micropygoptera*. Im Körperbereich sind zwischen den Gräten die Abdrücke von Schuppen erkennbar. Länge: 46 cm.

Abb. 112. Elektronenmikroskopische Aufnahme der Schlundzähne einer Schleie *(Tinca micropygoptera)* (**links**) und einer Barbe *(Barbus steinheimensis)* (**rechts**). Zahngröße: 1-3 mm.
Während die allgemeine Körpergestalt dieser Fische auf den ersten Blick sehr ähnlich ist, unterscheiden sich die Schlundzähne sehr stark voneinander.

Lurche und Kriechtiere – Lebensräume im und um den See

Amphibienreste zählen zu den seltenen Funden in Steinheim, obwohl der See diesen Tieren sicher günstige Lebensmöglichkeiten bot. Vollständige Skelette von Fröschen *(Rana)* kennt man nur aus den Fischschichten (Abb. 113), Einzelknochen kommen aber auch in anderen Lagen vor. Belege von Schwanzlurchen *(Triturus)* beschränken sich bis jetzt auf die ältesten Ablagerungen des Sees. Da Lurche im Allgemeinen stark feuchtigkeitsabhängig sind und vor allem für ihre Fortpflanzung auf Wasser angewiesen sind, waren diese Gattungen hauptsächlich an den Uferbereich des Sees gebunden.

Dagegen sind Funde von Kriechtieren wesentlich zahlreicher. Kleine, charakteristisch geformte Knochenplättchen stammen vom Hautpanzer beinloser Eidechsen *(Pseudopus)*, die mit den heutigen südosteuropäisch-westasiatischen Scheltopusiks verwandt sind. Von diesen bis zu über einen Meter langen Tieren konnten auch mehrere Skelette ausgegraben werden. Wenige Reste zeugen auch vom Vorkommen echter Eidechsen *(Lacerta)*. Von Schlangen haben sich Wirbel und Zähne am besten erhalten: Giftige wie ungiftige Formen sind mit 5 Arten *(Vipera, Coluber, Bransateryx)* nachgewiesen.

Meldungen von Krokodilfunden in der älteren Literatur haben sich als Fehlbestimmungen erwiesen. Es wäre auch verwunderlich, wenn diese Tiere in Steinheim vorgekommen wären. Nicht so sehr wegen der isolierten Lage des Kraters: Noch in historischer Zeit kamen Krokodile auch in manchen abgelegenen ägyptischen Oasen vor. Vielmehr verschlechterten sich die klimatischen Bedingungen in Mitteleuropa während des Miozäns, vor allem verstärkten sich die jahreszeitlichen Unterschiede. Als Konsequenz davon verschwinden diese im Untermiozän in Süddeutschland noch häufig anzutreffenden Echsen im frühen Mittelmiozän völlig aus Mitteleuropa.

Schon bei der Betrachtung der fossilen Steinheimer Vegetation hat sich gezeigt, dass im und um den See ganz unterschiedliche Lebensräume bestanden. Das wird auch durch die häufigen Schildkrötenfunde bestätigt. Die drei bekannt gewordenen Arten hatten ganz unterschiedliche Ansprüche. Die durch zahlreiche Panzer und Skelette belegte Schnappschildkröte *Chelydropsis* (Abb. 149) hatte wahrscheinlich ähnliche Lebensgewohnheiten wie ihre heutigen ostasiatischen und nordamerikanischen Verwandten, d.h. sie führte überwiegend ein räuberisches Dasein im See und ernährte sich von Fischen und anderen Bewohnern dieses Gewässers. Mit bis zu 1,30 Metern Gesamtlänge, von denen allerdings ein Drittel auf den langen Schwanz entfällt, konnte sie eine stattliche Größe erreichen. Ganz anders waren die Bedürfnisse der kleinen, bis 20 cm langen Sumpfschildkröte *Clemmydopsis* (Abb. 114): Wegen ihrer stark reduzierten Gliedmaßen war sie darauf angewiesen, versteckt in der dichten Vegetation des Uferbereichs des Sees zu leben, wo sie sich von Kleinlebewesen und Pflanzen ernährte. Die dritte Schildkrötenart, eine Landschildkröte der Gattung *Testudo* (Abb. 115) lässt sich gut mit den gegenwärtig rund um das Mittelmeer verbreiteten Landschildkröten vergleichen, wurde aber mit bis zu 30 cm Panzerlänge etwas größer. Ihre heutigen Verwandten sind fast reine Pflanzenfresser, wenn sie auch hie und da einen Regenwurm, ein kleines Kerbtier oder gar Kot nicht verschmähen. Für die fossilen Steinheimer Vettern, die vermutlich hauptsächlich die höheren Kraterhänge mit etwas offenerer Vegetation besiedelten, kann man eine ähnliche Ernährungsweise annehmen.

Den Galapagos-Schildkröten ähnliche Riesenschildkröten *(Geochelone)*, wie sie zur Miozänzeit in Mitteleuropa weit verbreitet waren, sind bisher in Steinheim nicht gefunden worden.

Abb. 113. Sedimentplatte mit dem Skelett eines Frosches *(Rana danubiana)*. Länge des Froschskeletts: 10 cm.

Abb. 114. Panzer der Sumpfschildkröte *Clemmydopsis turnauensis*. Länge: 16 cm.

Abb. 115. Panzer der Landschildkröte *Testudo steinheimensis*. Länge: etwa 30 cm.

Vögel – Oase Steinheim?

Während die niederen Wirbeltiere durch vergleichsweise wenige Arten in Steinheim belegt sind, haben Vögel wie Säugetiere mit je über 50 Arten ein breites Spektrum unterschiedlichster Anpassungsformen aufzuweisen.

Die Bestimmung fossiler Vogelreste ist nicht immer einfach, da die zur Gewichtsersparnis dünnwandigen Knochen oft verdrückt und damit schlecht erhalten sind. Hier zeigt sich einmal mehr, dass in Steinheim hervorragende Fossilisationsbedingungen bestanden. Viele Knochen sind leicht verkieselt und dadurch völlig unbeschädigt. Die von Angelika Hesse (Dessau) festgestellte hohe Artenzahl ist nicht zuletzt auf diese günstigen Voraussetzungen zurückzuführen. Zudem konnten mehrere Vogelskelette geborgen werden.

Für Vögel bot der See mit seinem Riedgürtel und der landwärts anschließenden, dichten Vegetation sicher ausgezeichnete Aufenthalts- und Fortpflanzungsbedingungen. Dass Wasservögel dominieren, ist nicht verwunderlich, eher schon, dass unter ihnen auch Meeresvögel wie Tölpel *(Empheresula)* oder Triele *(Burhinus)* vorkommen. Wenn man aber berücksichtigt, dass die Küste der Nordsee im Mittelmiozän noch in der Kölner Bucht lag, also viel weiter südlich als heute, und dass auch heute noch Meeresvögel mitunter weite Streifzüge ins Landesinnere unternehmen, verlieren diese Nachweise viel von ihrer vermeintlichen Exotik. Nahe Verwandte vieler der Steinheimer Wasservögel kann man auch heute noch an mitteleuropäischen Gewässern antreffen: Seetaucher (3 Arten), Lappentaucher (2 Arten), Reiher, Schwäne (2 Arten), Gänse, Säger, Enten (6 Arten) und Kraniche (3 Arten) sorgten für ein reiches Vogelleben am See. Zu den Seebewohnern zählen auch 3 Arten flamingoähnlicher Vögel *(Palaelodus, Megapaloelodus, Phoenicopterus)*, die aber

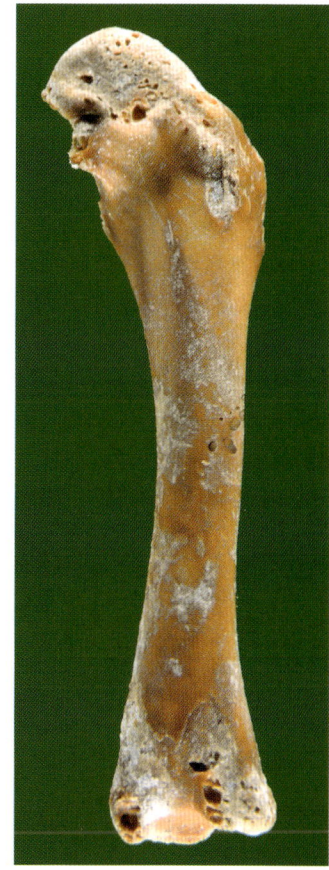

Abb. 116. Oberarmknochen eines miozänen Papageien aus Steinheim. Länge: 2,6 cm

noch nicht den typischen abgeknickten Seischnabel heutiger Flamingos entwickelt hatten. Mit den heute auf die Tropen Afrikas, Amerikas und Südasiens verteilten Bartvögeln verwandt ist die Gattung *Capitonides*. Dass sie nicht das einzige tropische Element in der Steinheimer Vogelfauna sind, beweisen die Papageien (Abb. 116), die damals in den Bäumen rund um den Steinheimer See lärmten, deren Reste aber ebenso aus dem Nördlinger Ries belegt sind. Dass bei einer so artenreichen Fauna Greifvögel nicht fehlen dürfen, versteht sich von selbst: 4 Arten Taggreife und 6 Eulenarten konnten bisher nachgewiesen werden.

Zweifellos war der Steinheimer See ein großer Anziehungspunkt für Wasservögel und nicht nur für diese. Frühere Rekonstruktionen, die den Krater als Oase darstellten (Abb. 152), an der sich das Leben konzentrierte, während die Umgebung als eher lebensfeindlich dargestellt wurde, gehen dennoch an der Realität vorbei. Eine solche Situation bestand bestenfalls kurzzeitig nach dem Einschlag. Die Analyse der Pflanzenfossilien hat gezeigt, dass die Umgebung des Kraters nach der Wiederbesiedelung mit einem Trockenwald bedeckt war, der sicher vielen Tieren, darunter auch mancherlei Vögeln, Lebensmöglichkeiten bot. Nur waren eben die Voraussetzungen für eine Fossilisation ausschließlich in den Seeablagerungen selbst geboten, sodass die Fossilien in erster Linie die im und unmittelbar um den See lebenden Organismen repräsentieren.

Während in Steinheim nur Knochenreste der Vögel selbst überliefert sind, hat man im benachbarten Nördlinger Ries auf den dortigen »Inselbergen« Steinberg, Goldberg und Hahnenberg auch Nester, Eier und Abdrücke von Federn gefunden (Abb. 117). Zudem unterscheidet sich die Riesvogelfauna in ihrer Zusammensetzung nicht unerheblich von der des Steinheimer Kraters: In ersterer sind vor allem Pelikane (Abb. 118) häufig, die in Steinheim ebenso fehlen wie Rallen, Brachschwalben, Regenpfeifer, Schnepfenvögel und Mausvögel, andererseits kommen viele der aus Steinheim bekannten Vögel im Ries nicht vor. Für diese Unterschiede können teilweise durch die unterschiedlichen Seegrößen und die abweichende Seebeschaffenheit (unterschiedlicher Versalzungsgrad) bedingte ökologische Ursachen verantwortlich gemacht werden. Bei der benachbarten Lage der beiden Krater mit einer Distanz von weniger als 50 Kilometer zueinander sind diese aber als Erklärung nicht ausreichend. Vielmehr ist der aus den Kleinsäugerfaunen ableitbare Altersunterschied zwischen Ries- und Steinheim-Fauna entscheidend, zumal gerade in dieser Zeit europaweit eine Erneuerung und Umstrukturierung der Vogelfaunen stattfindet.

Abb. 117. Süßwasserkalkhandstück mit zwei Eiern vom Goldberg im Nördlinger Ries. Durchmesser des größeren Eis: 6 cm.

Abb. 118.
oben: Rekonstruktion des Ries-Pelikans.
unten: Seitenansicht eines leicht verdrückten miozänen Pelikanschädels *(Miopelecanus intermedius)* vom Goldberg im Nördlinger Ries. Länge: 26 cm.

Kleinsäuger – Altersbestimmung mit Organismen

Kleinsäugerresten wurde wegen ihrer geringen Größe lange Zeit wenig Beachtung geschenkt. Erst mit dem Auswaschen größerer Sedimentmengen (insgesamt über 15 Tonnen) in Siebsätzen unterschiedlicher Maschengröße in den 70er Jahren des 20. Jahrhunderts (Abb. 146, S. 143) und dem Auslesen der verbleibenden Schlämmrückstände unter dem Mikroskop konnte ihre Vielfalt in Steinheim angemessen erfasst werden.

Diese Arbeiten waren um so bedeutsamer, als ungefähr zur gleichen Zeit immer offensichtlicher wurde, dass Zähne von Kleinsäugern, besonders von manchen Nagetierarten, sich hervorragend für eine Altersdatierung der Ablagerungen eignen, da diese Tiere sich im Miozän rasch weiterentwickelten. Der Entwicklungsfortschritt findet in der Veränderung der Zahnkronenmuster seinen Ausdruck. Die Möglichkeit, durch Ausschlämmen statistisch relevante Mengen von Zähnen zu gewinnen, die weite räumliche Verbreitung vieler Arten und ihre geologische Kurzlebigkeit macht viele Kleinsäuger zu einem idealen Instrument der Altersbestimmung und der Korrelation, also der Vergleichbarkeit weit voneinander entfernter Fundgebiete. Da es sich dabei immer um eine relative Altersbestimmung (älter als …; jünger als …) handelt, kommt Fundstellen wie dem Nördlinger Ries, von denen man auch absolute Datierungen hat, eine entscheidende Bedeutung zu, denn mit ihrer Hilfe lässt sich die Stufenleiter relativer Datierungen in absolute Alter umsetzen. Die meisten Kleinsäugerreste stammen aus dem mittleren Bereich der Steinheimer Seeablagerungen, da in ihm ausgedehnte Schlämmarbeiten vorgenommen wurden.

Die Zuordnung mancher Kleinsäuger zu bestimmten Lebensräumen ist schwierig, da wir von ihnen keine heutigen Verwandten kennen, die wir zum Vergleich heranziehen könnten. Dies gilt in Steinheim z.B. für die Nagergattung *Anomalomys* oder für die durch *Leptodontomys* vertretenen Eomyiden, ebenfalls kleine Nagetiere, von denen man lange Zeit nur die Zähne kannte, bis vor einigen Jahren der Fund eines Skelettes mit erhaltenem Körperumriß in Enspel im Westerwald zeigte, dass zumindest manche von ihnen Gleitflieger waren. In Steinheim kennt man die Eomyiden bisher nur aus den ältesten Seeablagerungen.

Bei anderen Formen legt der Fossilbefund einen völlig anderen ökologischen Bezug nahe als ihn die heutigen Verwandten vermuten ließen: Da Pfeifhasen in vielen miozänen See- und Flussablagerungen zu den häufigsten Resten gehören, vermutet man eine wassernahe Lebensweise dieser Tiere, obwohl die heute in Asien und Nordamerika vorkommenden Pfeifhasen trockene, teils sogar felsige Biotope bevorzugen. Tatsächlich ist der Pfeifhase *Prolagus* das häufigste fossile Steinheimer Säugetier überhaupt, zwei weitere Gattungen (*Lagopsis, Eurolagus*) sind dagegen extrem selten. Auch für die in Steinheim belegte, ausgestorbene Insektenfressergruppe der Heterosoricinen wurde schon eine wassernahe Lebensweise postuliert.

Andere Insektenfresser wie Maulwürfe (?*Proscapanus*), Igel (*Mioechinus*), Haarigel (*Galerix*) oder nicht genauer bestimmbare Spitzmäuse waren eher Bewohner des Waldes um den See. Hier hausten auch verschiedene Fledermäuse (z.B. *Eptesicus*). Dagegen bevorzugten bodenlebende Hörnchen (*Spermophilinus*) und Bilche (*Microdyromys, Miodyromys, Myoglis, Eomuscardinus*) trockene Areale. Für die Hamsterarten der Gattungen *Megacricetodon, Democricetodon, Eumyarion, Cricetodon* und *Collimys* ist eine Zuordnung zu einem bestimmten Lebensraum nicht ohne weiteres möglich: Heutige Hamster bevorzugen offenes Gelände.

Der Fund zweier Pfeifhasenskelette (Abb. 119) der sonst in Steinheim äußerst seltenen Gattung *Lagopsis* in den sulcatus-Schichten eröffnete eine neue Fragestellung in Bezug auf die Altersstellung zum Nördlinger Ries. Dort entdeckte Kleinsäugerfaunen vom Steinberg und von anderen Fundstellen haben ein höheres Alter als diejenige von Steinheim. Da in diesen älteren Faunen *Lagopsis* häufig vorkommt und da bisher eine gleichzeitige Entstehung von Steinheimer Becken und Ries angenommen wurde (möglicherweise sogar durch das gleiche Ereignis), lag es nahe zu vermuten, dass in den älteren Ablagerungen des Steinheimer Sees die gleiche Säugerzone enthalten sein müsste wie diejenige des Ries. Eine genaue Untersuchung der kleini-Schichten konnte diesen Verdacht aber nicht erhärten.

Der Fund eines Gewölls mit den Knochen und Zähnen eines Hamsters und eines Pfeifhasen (Abb. 120) während der Grabungen der 70er Jahre gibt uns einen Hinweis darauf, wie die Kleinsäugerreste in die Seeablagerungen gelangten. Dafür dürften demnach vorwiegend die ja ebenfalls belegten Greifvögel verantwortlich sein. Ganz sicher gilt das für die Kleinsäugerbrekzien von den Inselbergen im Nördlinger Ries (Abb. 121). Die massenhaften Ansammlungen von Überresten kleiner Tiere bis zur Maximalgröße eines Hasen – die größte nachgewiesene Gattung, ein kleiner Paarhufer der Gattung *Cainotherium*, überschritt diese Größe nicht – sind dafür ein deutliches Indiz. Noch mehr aber spricht die mit nur etwa 15 Säugerarten geringe Artenzahl für diese These, da Greifvögel ja bestimmte Arten als Nahrungsquelle bevorzugen.

Abb. 119.
unten: Skelettteil eines Pfeifhasen *(Lagopsis verus)*: rechts oben Schädel und beide Unterkieferäste; rechts unten beide Schulterblätter. Länge der horizontalen Plattenbasis: 35 cm.
links: Rekonstruktion des Pfeifhasen *Lagopsis*.

Abb. 120. Inhalt eines fossilen Gewölls aus den Ablagerungen des Steinheimer Sees: Enthalten sind Knochen und Zähne eines Hamsters und eines Pfeifhasen. Länge der Montageplatte: 3 cm.

Abb. 121. Ausschnitt aus einem Süßwasserkalkblock vom Steinberg im Nördlinger Ries. Der angeätzte Block enthält eine aus der Zusammenschwemmung von Gewöllen entstandene Kleinsäugerbrekzie. Unten: Unterkiefer des Pfeifhasen *Lagopsis verus*. Oben: Unterkiefer des winzigen Paarhufers *Cainotherium huerzeleri*. Breite des Bildausschnittes: etwa 13 cm.

Raubtiere – Vielfalt der Anpassungen

Raubtiere bilden im allgemeinen das Endglied der Nahrungskette. Dementsprechend zeigen sie eine besonders hohe Vielfalt von Anpassungen. Dieser Artenreichtum steht im deutlichen Gegensatz zu ihrer im Vergleich zu den herdenbildenden Huftieren geringen Individuenzahl innerhalb heutiger wie fossiler Lebensgemeinschaften. Auch in Steinheim sind zwar 15 verschiedene Raubtierarten nachgewiesen, dennoch zählen Raubtierreste dort zu den seltensten Funden überhaupt. Manche sind nur durch ein einzelnes Kieferstück oder gar nur durch einen Zahn belegt. Ihr Artenreichtum ist ein weiterer Hinweis darauf, dass im und um den See sehr unterschiedliche Lebensräume bestanden haben müssen.

Bezeichnenderweise ist das häufigste Raubtier überhaupt – sofern man bei etwa einem Dutzend Funden überhaupt von häufig sprechen kann – ein marderartiges Raubtier, das sich speziell an die Steinheimer Verhältnisse angepasst hatte (Abb. 122). Das *Trochotherium* (übersetzt: »Scheibentier«, nach den für ein Raubtier ungewöhnlich flachen Zähnen), wie die wissenschaftliche Bezeichnung dieses Tieres lautet, weicht in seiner Bezahnung völlig von allem ab, was man sonst von Raubtieren kennt. Deren Gebisse sind in Anpassung an die Fleischnahrung normalerweise mit schneidenden Reißzähnen versehen. Im Gegensatz dazu besitzt das *Trochotherium* ein regelrechtes Knackgebiss, bei dem die Reißzähne zu knopfförmigen Gebilden umgewandelt sind. Verständlich wird diese Anpassung, wenn wir uns erinnern, wie ungeheuer die Fülle der in dem See lebenden Schnecken war, die eine nicht versiegende Nahrungsquelle für ein Tier mit einem zum Knacken der Schalen eingerichteten Gebiss darstellten. Außerhalb Steinheims sind Trochotherien nur sporadisch entdeckt worden: Man kennt sie von drei weiteren europäischen Fundstellen und seit einiger Zeit auch aus miozänen Ablagerungen Chinas.

Ebenfalls mehrfach gefunden wurden Reste einer Schleichkatze (*Semigenetta*), die – wie schon der wissenschaftliche Name ausdrückt – der heute in Südwesteuropa und Nordafrika verbreiteten Ginsterkatze (*Genetta*) ähnelt. Letztere lebt in offenen Buschlandschaften und Waldgebieten und ernährt sich vorwiegend von Kleinsäugern und Vögeln. Für die fossile Art kann eine ähnliche Lebensweise angenommen werden.

Es verwundert nicht, dass wir an einem See unter den Marderartigen auch einen Fischotter (*Paralutra*) antreffen. Andere Arten sind mit heutigen echten Mardern (*Martes*) vergleichbar oder gehören ausgestorbenen Formen an (*Ischyrictis*, *Proputorius*, *Trocharion* [Abb. 123]).

Echte Katzen werden durch zwei Arten (*Pseudaelurus*) repräsentiert, von denen die größere etwa die Maße eines Ozelots erreichte. Daneben durchstreiften aber auch Säbelzahnkatzen (*Sansanosmilus*) den Steinheimer Wald auf der Suche nach Beute.

Sie waren aber nicht die einzigen Großraubtiere im miozänen Steinheim: Mehrere Arten der ausgestorbenen Raubtiergruppe der Bärenhunde (Amphicyoniden) (Abb. 124), massige Tiere von bis zu Löwengröße, lauerten vermutlich vorwiegend an den zum See führenden Wechseln potentieller Opfer auf. Ganz andere Anpassungen zeigen die fast ebenso großen, mit den Bären verwandten Hemicyoniden. Mit ihren langen, schlanken Beinen waren sie wohl eher Hetzjäger, ähnlich wie heutige Wölfe, und damit Bewohner der Hochfläche um den Krater herum. Echte Bären kamen mit der Gattung *Ursavus* ebenfalls vor. Wie der Name schon ausdrückt (übersetzt: »Großvater der Bären«), werden diese nur etwa dachsgroßen Tiere in die direkte Vorfahrenschaft heutiger Bären gestellt.

Abb. 122. Ober- und Unterkiefer des marderartigen Raubtieres *Trochotherium cyamoides*. Die knopfförmigen Zähne stellen eine Anpassung an hartschalige Nahrung dar. Länge des Unterkiefers: 6 cm.

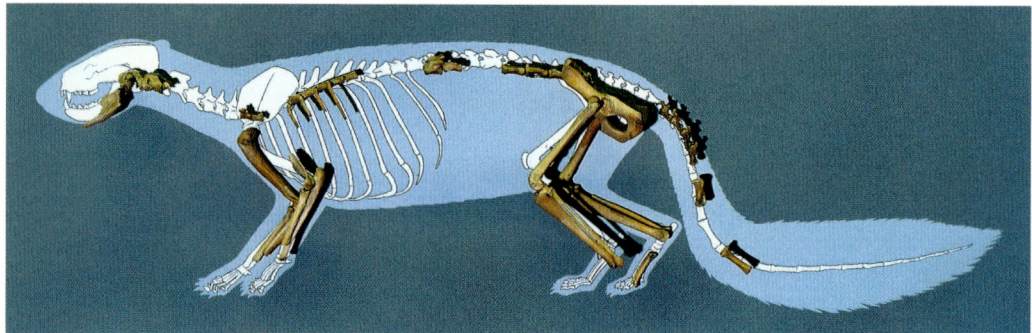

Abb. 123. Rekonstruiertes Skelett des Marders *Trocharion albanense*. Länge des Tieres: etwa 75 cm.

Abb. 124.
oben: Rekonstruktion des Bärenhundes *Amphicyon*, der etwa die Größe eines Leoparden erreichte (mit freundlicher Genehmigung von Prof. Dr. O. Fejfar, Prag).
unten: Schädel und Unterkiefer des Bärenhundes *Amphicyon steinheimensis* in Seitenansicht. Länge des Unterkiefers: 14 cm.

Chalicotherien – bizarre Unpaarhufer

Tiere, die in ihrem Aussehen stark von dem abweichen, was wir heute an Tiergestalten kennen, empfinden wir als seltsam, obwohl manche Tiere – denken wir nur etwa an Giraffen – Anpassungen entwickelt haben, die sich extrem vom »Standardmodell« eines Säugetiers unterscheiden. Ein ungewöhnliches Äußeres besaßen zweifellos auch die Krallentiere (Chalicotherien), Unpaarhufer, die verwandtschaftlich zwischen Pferden und Nashörnern einzuordnen sind (Abb. 126).

Nicht nur, dass sie als einzige Huftiere krallenbewehrt waren, sie hatten zudem ihre Vordergliedmaßen so stark verlängert, dass ihre Haltung entfernt an die großer Menschenaffen wie der Gorillas erinnert. Es konnte nachgewiesen werden, dass sie wie jene sich beim Gehen auf den Außenkanten ihrer Hände abstützten (»nuckle walking«). Da sie zudem mit über 2 Meter Körperhöhe eine beträchtliche Größe erreichten, zählen sie zu den eindrücklichsten Gestalten der Steinheimer Tierwelt. In Steinheim wurden nur ganz wenige Reste von ihnen gefunden. Dass wir dennoch so genau über ihr Aussehen informiert sind, verdanken wir Funden aus der Slowakei, mit deren Hilfe man das gesamte Skelett rekonstruieren konnte.

Krallentiere sind ein Beispiel unter mehreren innerhalb der Steinheimer Fauna von vollständig ausgestorbenen Formen, für die es in der heutigen Tierwelt keinerlei direkt vergleichbare Verwandte mehr gibt. Solche letztlich nicht erfolgreiche Anpassungsmodelle hat es unter den Säugetieren der Tertiärzeit – und nicht nur bei ihnen – in großer Zahl gegeben. Das heißt aber nicht, dass solche Tiergruppen Fehlentwicklungen wären. Chalicotherien haben mehr als 50 Millionen Jahre lang Nordamerika, Eurasien und Afrika mit zahlreichen

Abb. 125. Oberkieferzähne des Krallentieres *Metaschizotherium fraasi*. Länge des Kieferstücks: 8 cm.

Arten bevölkert. Für das Verschwinden solcher Gruppen können ganz unterschiedliche Faktoren verantwortlich sein: An erster Stelle stehen klimatisch bedingte, großräumige Umweltveränderungen, aber auch Konkurrenzdruck um Nahrungsreserven oder geographische Isolation können eine Rolle spielen.

Die Steinheimer Chalicotherien hatten niedrigkronige Zähne, die sie als Laubäser ausweisen (Abb. 125). Von den langen, krallenbewehrten Vordergliedmaßen vermutet man, dass sie dem Herunterziehen von Ästen dienten oder dem Ausgraben unterirdischer Pflanzenteile. Sicher bildeten sie aber ebenso effektive Verteidigungswaffen, mit denen sich die Tiere selbst Großraubtiere wie die Bärenhunde vom Leibe halten konnten. Wie manche andere Tiergruppe überstanden die Chalicotherien den Klimaabfall zu Beginn des Eiszeitalters nicht und starben dann endgültig aus.

Abb. 126. Rekonstruktion eines Krallentieres (nach Fejfar 1989). Höhe etwa 2 m.

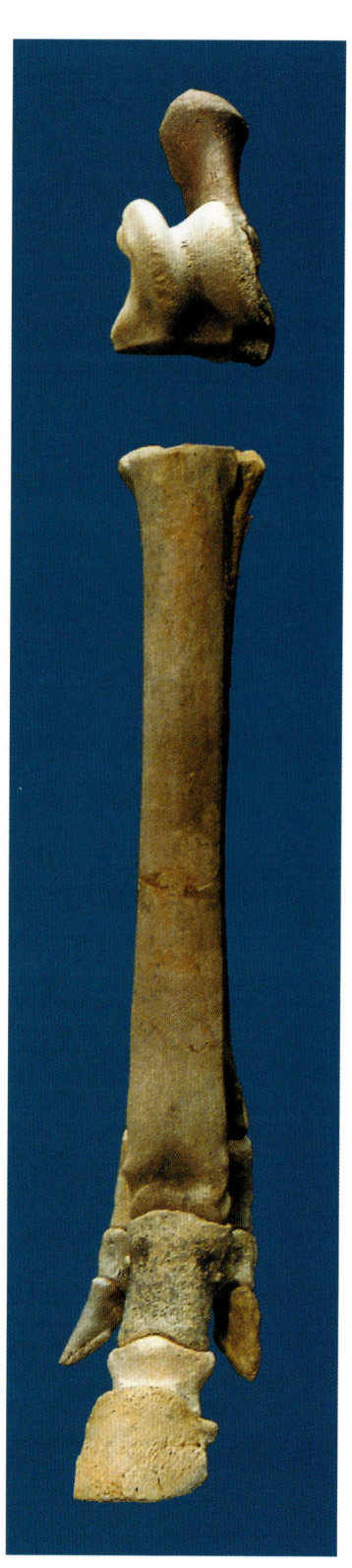

Urpferde – Paradebeispiele des Evolutionsgeschehens

Während an den Steinheimer Tellerschnecken evolutive Veränderungen Schritt für Schritt vor Ort nachgewiesen werden konnten, sind die Steinheimer Urpferde nur ein Mosaikstein im Gesamtbild der Pferdeevolution, einer Entwicklung, die sich über mehrere Kontinente erstreckt und die sich als Musterbeispiel für die Mechanismen der Evolution in vielen Lehrbüchern wiederfindet.

Diese Entwicklung hat sich im wesentlichen in Nordamerika abgespielt und ist trotz ihrer im einzelnen großen Komplexität durch zwei fundamentale Anpassungen gekennzeichnet:
– eine Reduzierung der Zehenzahl an Hand bzw. Fuß von 4 bzw. 3 auf 1 in Anpassung an ein Leben in offenen Landschaftstypen
– durch allmählich höherkronig werdende Bezahnungen, welche eine Umstellung auf härtere Pflanzennahrung signalisieren.

Mehrfach ist es von Nordamerika aus über die zeitweise landfeste Beringbrücke zu Ausbreitungen nach Eurasien gekommen. Schließlich erreichten die Pferde im Obermiozän auch Afrika und zuletzt am Ende der Tertiärzeit Südamerika.

Auch die Steinheimer Urpferde der Gattung *Anchitherium* gehören zu solch einer Ausbreitungswelle, die im Untermiozän vor etwa 18 Millionen Jahren Europa erreichte.

Anchitherien waren ungefähr so groß wie Esel, hatten aber anders als diese noch funktionsfähige Seitenzehen an Händen und Füßen (Abb. 127). Ihr Gebiß war niedrigkronig und damit für weiche Laubnahrung geeignet (Abb. 128), wohingegen heutige Pferde hohe, pflockförmige Zähne besitzen, mit denen sie harte Grasnahrung verwerten können.

Zu Beginn des Obermiozäns vor etwa 10 Millionen Jahren wurden die Anchitherien ihrerseits dann Opfer einer weiteren Einwanderungswelle von Pferdeartigen: Die dann in Europa auftauchenden, moderneren Hipparionen verdrängten sie in kürzester Zeit.

Abb. 127. Hinterfuß des Waldpferdes *Anchitherium aurelianense steinheimense*. Deutlich erkennbar sind die beiden noch funktionstüchtigen Seitenzehen des Fußes. Bei den heutigen Pferden, Eseln und Zebras sind diese völlig verlorengegangen. Höhe: 40 cm.

Abb. 128.
oben: Rekonstruktion des Waldpferdes *Anchitherium*. Das Tier erreichte etwa die Größe eines Esels. Modell: D. Oppliger, Basel.
unten: Unterkieferast des Waldpferdes *Anchitherium*. Länge des Kiefers: 23 cm.

Nashörner – vom Einfluss der Lebensbedingungen

Heutzutage sind Nashörner mit wenigen Arten auf die tropischen Gebiete Afrikas und Asiens beschränkt. Ganz anders zur Tertiärzeit: Vor allem während des Jungtertiärs bevölkerten sie mit vielen Arten ganz Eurasien.

Auffällig ist, daß sie in Steinheim mit vier verschiedenen Typen nachgewiesen sind, also eine relativ hohe Artenvielfalt aufweisen. Schon die unterschiedliche Größe und die voneinander abweichenden Körperproportionen der Steinheimer Nashörner geben uns einen weiteren Hinweis auf die Verschiedenartigkeit der Lebensbedingungen, die um den Kratersee herum geherrscht haben müssen. Erst sie erlaubte eine Einnischung mehrerer Arten einer Verwandtschaftsgruppe auf vergleichsweise engem Raum.

Die kleinste, kaum die Größe eines Tapirs erreichende Form ist mit dem kleinsten heutigen Nashorn, dem akut vom Aussterben bedrohten Sumatranashorn *(Dicerorhinus)*, verwandt. Man geht davon aus, dass sie wie dieses dichten Wald als Lebensraum bevorzugte. In die gleiche Verwandtschaftsgruppe gehört das nach dem französischen Paläontologen Edouard Lartet benannte, merklich größere *Lartetotherium*, eine hochbeinige Gattung mit kräftigem Nasenhorn. Etwa die gleiche Größe wie *Lartetotherium* erreichte *Alicornops* (Abb. 129), das aber hornlos war. Ein Mitglied dieser hornlosen Nashörner (Aceratherien) sind auch die größten Steinheimer Rhinocerotiden, die Kurzfußnashörner der Gattung *Brachypotherium*

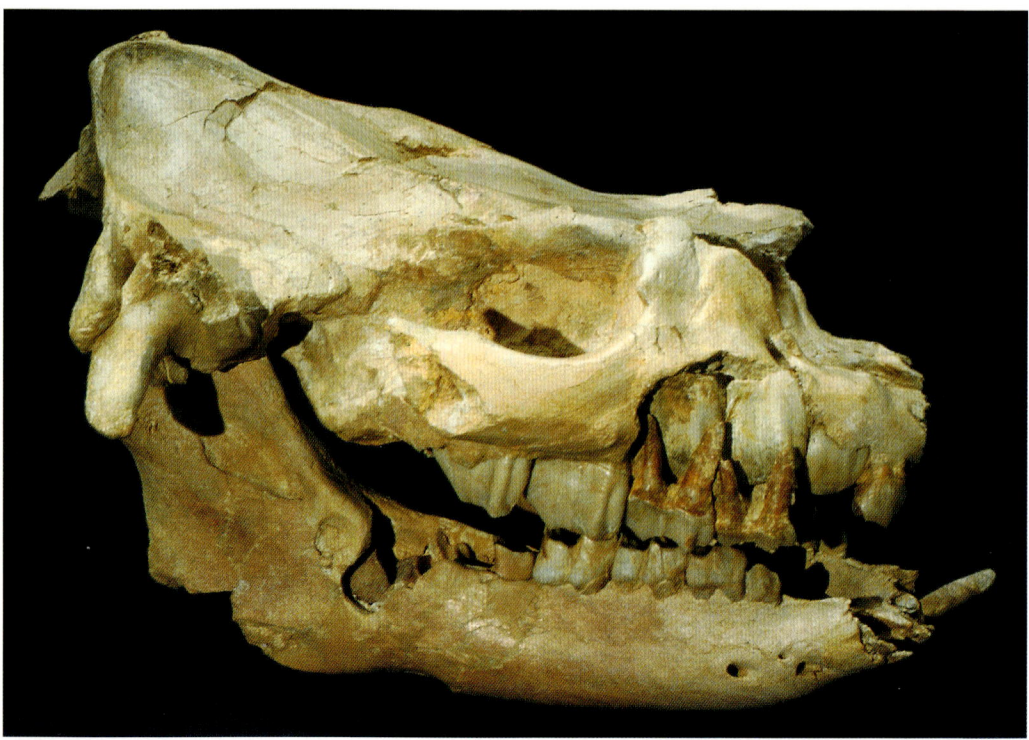

Abb. 129. Schädel und Unterkiefer eines Jungtieres des hornlosen Nashorns *Alicornops simorrense* mit Milchbezahnung. Der Unterkiefer ist hinten aufgebrochen, um den kurz vor dem Durchbruch befindlichen hintersten Backenzahn zu zeigen. Die stiftförmigen Milchschneidezähne unterscheiden sich sehr stark von den noch nicht durchgebrochenen Hauern der endgültigen Schneidezähne. Länge des Schädels: 40 cm.

(Abb. 130). Dies waren massige, plump gebaute, kurzbeinige Tiere ohne Nasenhorn. Sie werden gewöhnlich mit einem relativ offenen Lebensraum in Verbindung gebracht, wie er in der weiteren Umgebung des Kraters bestand. Besonders eindrucksvoll waren die messerscharfen Schneidezähne dieser Tiere, die als gefährliche Waffen eingesetzt werden konnten. Solche Schneidezähne existierten noch bei allen Steinheimer Nashörnern, bei moderneren Arten entwickelten sie sich zurück, sodass sie den heutigen afrikanischen Nashörnern völlig fehlen.

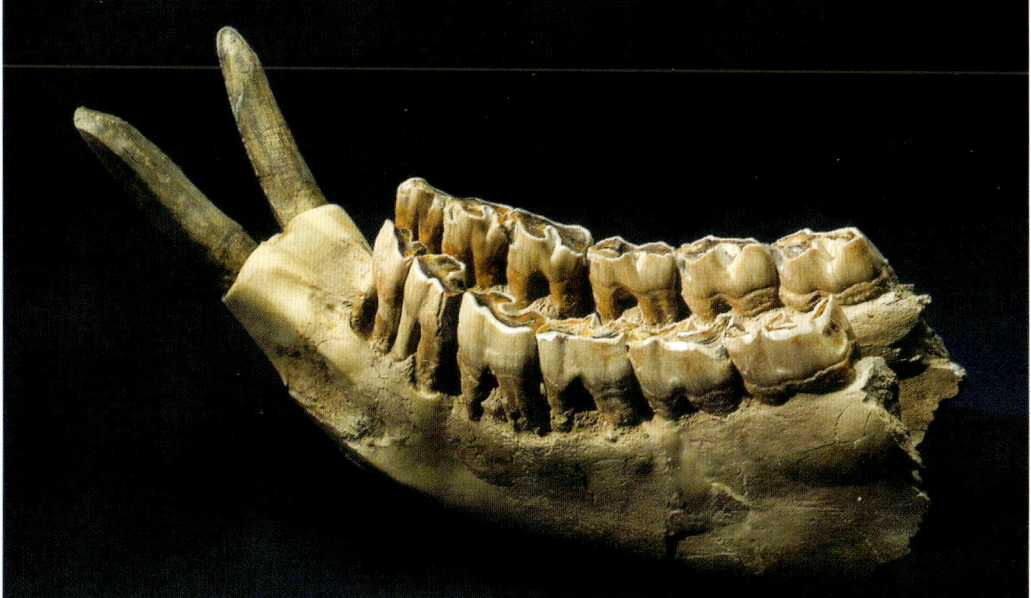

Abb. 130.
oben: Rekonstruktion des Kurzfußnashorns *Brachypotherium*.
unten: Unterkieferast des hornlosen Kurzfußnashorns *Brachypotherium brachypus*. Die gewaltigen, scharfkantigen Schneidezähne bildeten gefährliche Waffen. Länge des Kiefers: 48 cm.

Schweine – Allesfresser mit weitreichenden Verwandtschaftsbeziehungen

Schweine sind ebenso intelligente wie anpassungsfähige Säugetiere. Insbesondere ihre Fähigkeit ein breitgefächertes Nahrungsspektrum zu nutzen, bei dem neben pflanzlichen auch tierische Komponenten eine Rolle spielen, hat zu ihrem Evolutionserfolg beigetragen.

Abb. 131. Sedimentblock mit Hinterfuß des Schweins *Conohyus simorrensis* in Fundlage. Höhe des Blocks: 37 cm.

Abb. 132. Schädel mit Unterkiefer des Nabelschweins *Albanohyus pygmaeus*. Länge: 18 cm.

In Steinheim lassen sich drei Arten dieser Tiergruppe zuordnen. Echte Schweine verteilen sich auf die beiden Gattungen *Listriodon* und *Conohyus*, die sehr unterschiedlich ausgebildete Bezahnungen und damit sehr verschiedene Ernährungsgewohnheiten hatten.

Die Vorfahren von *Listriodon* stammen aus Afrika und gelangten mit der sogenannten untermiozänen Einwanderungswelle vor etwas weniger als 20 Millionen Jahren nach Europa. Dort entwickelten sie sich weiter bis zu der in Steinheim belegten Art *L. splendens*. Diese wurde noch etwas größer als heutige Wildschweine und besaß charakteristische, querjochige Zähne, die denen von Tapiren ähneln. Dementsprechend kann man auch von einer ähnlichen Ernährungsweise ausgehen, bei der weiche Pflanzennahrung wie Blätter, frische Triebe, Früchte und Wasserpflanzen die Hauptrolle gespielt haben dürfte. Ein Lebensraum Trockenwald, wie er verschiedentlich postuliert wurde, ist damit wenig wahrscheinlich.

Die andere Steinheimer Schweinegattung, *Conohyus* (Abb. 131), hatte demgegenüber ein Backenzahngebiss, das dem heutiger Schweine ähnelt, gleichzeitig aber einen kräftigen, schneidenden hintersten Vorbackenzahn, sodass bei diesen Tieren das nutzbare Nahrungsangebot wesentlich breiter gefächert gewesen sein muss.

Eine dritte Form, *Taucanamo* (Abb. 132), hat dagegen mit den echten Schweinen nichts gemein, sondern weist Merkmale der heute ausschließlich in Südamerika beheimateten Gruppe der Nabelschweine (Pekaris) auf. Sie ist deutlich kleiner als die beiden anderen Arten. Nabelschweine gehören vom ausgehenden Alttertiär bis ins Obermiozän zu den gängigen Bestandteilen europäischer Faunen. Ob die tertiären europäischen Arten allerdings tatsächlich eng mit den heutigen südamerikanischen verwandt sind, erscheint bei dem großen zeitlichen und geografischen Abstand eher unwahrscheinlich. Es ist auch denkbar, dass europäische Arten unabhängig ähnliche Anpassungen entwickelt haben. Vergleichbare Verwandtschaftsprobleme kennt man auch von anderen Säugerordnungen, z.B. von den Ameisenbären, südamerikanischen Säugern, von denen ein Vertreter an der bekannten alttertiären Fundstelle Messel bei Darmstadt gefunden wurde.

Hirschverwandte – durch Imponieren zum Fortpflanzungserfolg

Das Miozän ist die Zeit, in der der erste Schritt zur Entfaltung der Wiederkäuer zur heutigen Formenvielfalt getan wird. In dieser Epoche treten die ersten geweihtragenden Hirsche auf, Antilopenartige und Wassermoschustiere tauchen erstmals in europäischen Faunen auf und erste Giraffenartige erscheinen in unseren Breiten.

Es gibt aber auch noch Arten, die in mancher Hinsicht an die alttertiären Vorfahren der Hirschartigen erinnern. Dazu zählt der Zwerghirsch *Micromeryx*, über dessen Aussehen wir erst genauer Bescheid wissen, seit in Steinheim zahlreiche Skelette dieser Tiere ausgegraben werden konnten (Abb. 148). Zwerghirsche erreichten nur gerade einmal 35-40 cm Schulterhöhe und wurden damit nicht größer als die heutigen südostasiatischen Kantschile. Sie sind mit diesen aber nicht näher verwandt, sondern eher den Moschustieren zuzuordnen. Wie letztere oder wie das Chinesische Wasserreh waren sie geweihlos und hatten im männlichen Geschlecht lange, hauerförmige Eckzähne. Bei den weibliche Tieren waren letztere dagegen zu kleinen Stiften reduziert, wie wir durch entsprechende Funde wissen. Auf Grund Ihrer Hochbeinigkeit hatten sie ein ausgezeichnetes Sprungvermögen (Abb. 133).

Antilopenartige sind während des Unter- und Mittelmiozäns in Mitteleuropa noch selten. In Steinheim fehlen sie völlig. Mit *Hispanotherium* gibt es aber eine Gattung, deren genaue systematische Stellung noch diskutiert wird und die manche Merkmale besitzt, die sie in die Nähe dieser Wiederkäuer rücken. Reste von *Hispanotherium* sind in Steinheim sehr selten. Die Tiere, deren lateinischer Name daran erinnert, dass ihre erste Beschreibung auf spanischen Funden beruht, wurden nur wenig größer als die Zwerghirsche.

Abb. 133. Rekonstruktion und montiertes Skelett des geweihlosen Zwerghirsches *Micromeryx*. Bei dem männlichen Tier sind deutlich die hauerförmigen Eckzähne zu erkennen. Schulterhöhe: 42 cm.

Zu den primitivsten heutigen Wiederkäuern zählen die ebenfalls kleinwüchsigen Wassermoschustiere. Das wird um so verständlicher, wenn man bedenkt, dass sie sich im Körperbau kaum von der Gattung *Dorcatherium* unterscheiden, von der in Steinheim ein ganzes Skelett gefunden wurde (Abb. 134). Man könnte also mit Fug und Recht sagen, dass es sich bei den gegenwärtig in Afrika vorkommenden Wassermoschustieren um lebende Fossilien handelt. Wie jene hat *Dorcatherium* eine gedrungene Gestalt, die eine hervorragende Voraussetzung für ein Leben im dichten Unterholz ist.

Neben diesen geweihlosen Arten existierten aber auch geweihtragende Paarhufer. Gabelhirsche von der ungefähren Größe eines Rehs waren mit zwei verschiedenen Arten am Steinheimer See vertreten. Auch von ihnen konnten ganze Skelette geborgen werden (Abb. 95, 147), mehr noch, durch zahlreiche Funde kennen wir sämtliche Entwicklungsstadien der Geweihe vom einfachen Spießergeweih über zwei- bis dreispitzige Adultgeweihe bis hin zu den blattförmig verbreiterten Altersgeweihen. Wie bei den heutigen Hirschen waren nur die männlichen Tiere geweihtragend, wie mehrere geweihlose Skelette ausgewachsener Tiere beweisen. Eine der beiden Gabelhirschformen, *Euprox* (Abb. 135), erinnert in Bau und Stellung der Geweihe stark an die südostasiatischen Muntjaks. Wie jene haben die Steinheimer Hirsche ihre Geweihe vermutlich noch nicht regelmäßig jährlich gewechselt. *Euprox* besaß ein Geweih mit wohlausgebildeter Rose, die allerdings nicht wie bei Reh oder Rothirsch nah am Schädel saß, sondern am Ende einer Geweihstange. Diese Stange blieb beim Geweihabwurf erhalten, wurde aber mit jedem Wechsel etwas kürzer. Nicht so ausgeprägt war die Rose bei der anderen Steinheimer Gabelhirschgattung, *Heteroprox*, bei der die Geweihe auch steiler auf dem Schädel saßen. Mit der Gattung *Procervulus* kennt man aus älteren miozänen Ablagerungen Süddeutschlands, z.B. aus Langenau bei Ulm, einen direkten Vorfahren von *Heteroprox* (Abb. 136), der seine Geweihe offenbar noch nicht wechseln konnte.

Alttertiäre Hirsche waren durchweg geweihlos, besaßen aber im männlichen Geschlecht lange, hauerförmige Eckzähne, eine Merkmalsausbildung, wie sie auch noch der Zwerghirsch *Micromeryx* verkörpert. Mit dem Auftreten der ersten Geweihe bei miozänen Hirschen können wir beobachten, wie sich die Eckzähne verkleinern. Mit der Entwicklung zunehmend komplizierterer Geweihe schreitet dieser Prozess fort, bis die Eckzähne fast völlig verloren gehen. Bei den männlichen Tieren mancher heutiger Hirsche, wie z.B. der Damhirsche, kommen sie als völlig verkümmerte »Grandeln«, wie sie in der Jägersprache bezeichnet werden, nur noch sporadisch vor. Diese beiden parallelen Vorgänge beinhalten eine interessante Verlagerung einer Funktion von einem Organ auf ein anderes: Während ursprünglich Verteidigung und Imponieren im Rahmen des Sexualverhaltens durch die Eckzähne gewährleistet wurden, verlagern sich diese Funktionen mit der Entwicklung des Geweihs auf dieses Organ. Welche Möglichkeiten für das Imponiergehabe sich dadurch eröffneten, ersieht man an den eiszeitlichen Riesenhirschen, die Jahr für Jahr ein Geweih von bis zu über 25 kg Gewicht aufbauten.

Abb. 134.
oben: Rekonstruktion des Wassermoschustieres *Dorcatherium* (nach Heizmann 1995).
unten: montiertes Skelett des Wassermoschustieres *Dorcatherium crassum*. Bei annähernd gleicher Größe wie der der Zwerghirsche ist der Knochenbau der Wassermoschustiere wesentlich robuster. Schulterhöhe: 40 cm.

Abb. 135. Schädelbruchstück mit Geweihen des Gabelhirsches *Euprox furcatus*. Beim Tod des Tieres war das Geweih noch in Bildung begriffen, also mit Bast überzogen; erkennbar an der porösen und abgerundeten Knochenstruktur der Geweihenden. Geweihlänge: 13,5 cm.

Abb. 136. Leicht verdrückter Schädel eines ausgewachsenen männlichen Gabelhirsches der Gattung *Heteroprox*. Zusätzliche Spitzen an den normalerweise einfach gegabelten Geweihen zeigen ein fortgeschrittenes Alter des Tieres an. Die Eckzähne sind bei dieser Art kürzer als bei den Zwerghirschen. Geweihlänge: 15 cm.

Palaeomeryciden – Giraffen in Steinheim?

Für einen geweihlosen Hirsch von der Größe eines Elches hielt man wegen der ähnlich geformten Bezahnung (Abb. 137) auch lange Zeit die Gattung *Palaeomeryx*. Inzwischen hat man in Frankreich und Spanien vollständige Schädel von Palaeomeryciden mit Schädelfortsätzen gefunden, die diese Tiere verwandtschaftlich in die Nähe der Giraffenartigen rücken. Auch Funde aus Steinheim haben zu dieser Erkenntnis beigetragen. Man fand dort Mittelhand- und Mittelfußknochen, die etwa gleich lang sind. Da Hirschartige in aller Regel wesentlich längere Mittelfußknochen besitzen, also hinten überbaut sind, drückt sich bei *Palaeomeryx* in der Verlängerung der Mittelhandknochen gegenüber ihnen eine beginnende Aufrichtung des vorderen Körperendes aus, wie sie für Giraffen typisch ist. Den Palaeomeryciden fehlte aber der lange Giraffenhals, sodass sie in ihrem Aussehen eher an ein Okapi erinnerten (Abb. 138). Die Schädelfortsätze, die bei Giraffen mit Haut überzogen sind, kamen bei *Palaeomeryx* wohl nur bei den männlichen Tieren vor. Einem Schädel eines noch nicht ganz erwachsenen Tieres, der in Steinheim gefunden wurde, fehlen sie jedenfalls völlig.

Palaeomeryciden waren vermutlich auch nicht die Stammgruppe der heutigen Giraffen, sondern ein Seitenzweig dieser Paarhuferfamilie, da gleichzeitig mit ihnen außerhalb Europas auch schon echte Giraffen existierten. Ihre Herkunft ist noch nicht endgültig geklärt. Einiges spricht aber dafür, dass sie sich in Eurasien aus Paarhufervorfahren, die noch keine Schädelfortsätze besaßen, entwickelt haben.

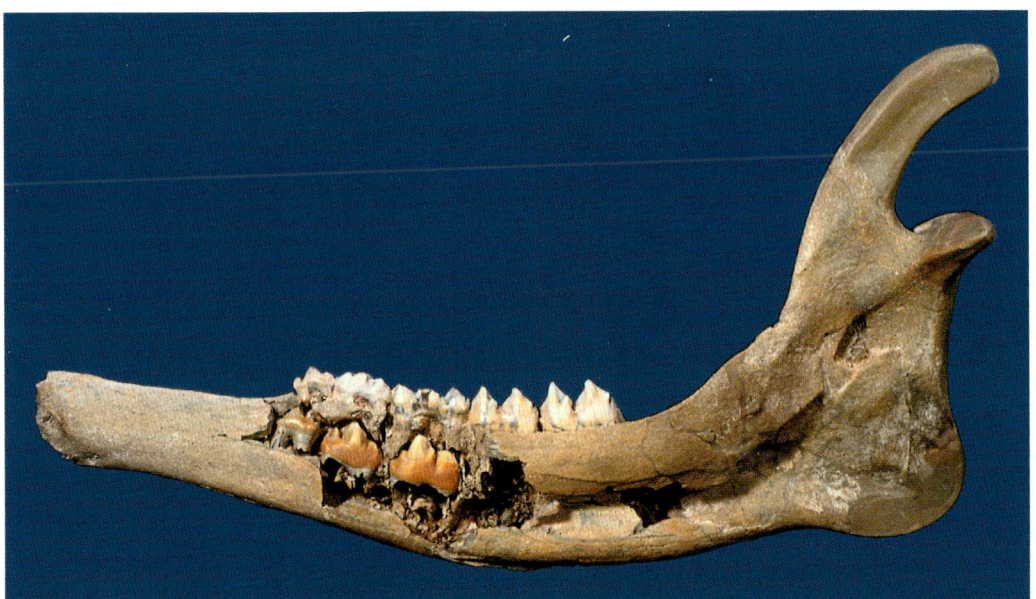

Abb. 137. Unterkieferast eines Jungtieres des Giraffenverwandten *Palaeomeryx eminens* mit Milchbezahnung. Im aufgebrochenen Kiefer sind die Keime der definitiven Bezahnung zu erkennen. Länge des Kiefers: 32 cm.

Abb. 138. Rekonstruktion des nahe mit *Palaeomeryx* verwandten und ähnlich aussehenden *Ampelomeryx*. Höhe etwa 1,60 m.

Rüsseltiere – Mastodonten auf der Alb

Die größten Säugetiere, die die Umgebung des miozänen Kratersees von Steinheim bevölkerten, waren die Mastodonten (Abb. 139), eine Gruppe von Rüsseltieren, aus denen heraus sich die heutigen Elefanten entwickelt haben. Von diesen unterscheiden sie sich unter anderem durch je ein Paar Stoßzähne in Ober- und Unterkiefer und die dadurch bedingte lange, gestreckte Form des Schädels.

Von *Gomphotherium steinheimense*, dem Steinheimer Zitzenzahnelefanten, wurde 1883 beim Sandabbau in der Pharion'schen Grube ein großer Teil eines Skelettes entdeckt. Nach seiner Bergung gelangte dieser außergewöhnliche Fund ins Stuttgarter Naturalienkabinett, wo er lange Jahre in der Ausstellung zu bewundern war. Heute sind außer einem Schädelbruchstück (Abb. 140) nur noch wenige Reste dieses Skelettes erhalten, da das meiste im Jahre 1944 bei der Zerstörung des Naturalienkabinetts infolge der Bombardierung Stuttgarts vernichtet wurde.

Von diesem und etlichen weiteren Funden – zuletzt wurde 1994 bei der Anlage eines Parkplatzes südlich der Gemeindesandgrube ein mächtiger oberer Stoßzahn entdeckt (Abb. 141) – wissen wir, dass das Steinheimer *Gomphotherium* die stattliche Schulterhöhe von drei Metern erreichte und damit in seiner Größe nur wenig hinter einem Afrikanischen Elefanten zurückblieb.

Die Mastodonten haben sich in Afrika entwickelt und sind mit der untermiozänen Einwanderungswelle vor ungefähr 18 Millionen Jahren nach Europa gelangt. Diese Einwanderer,

Abb. 139. Rekonstruktion des Rüsseltieres *Gomphotherium* (nach Engesser et al. 1996). Schulterhöhe: etwa 3 m.

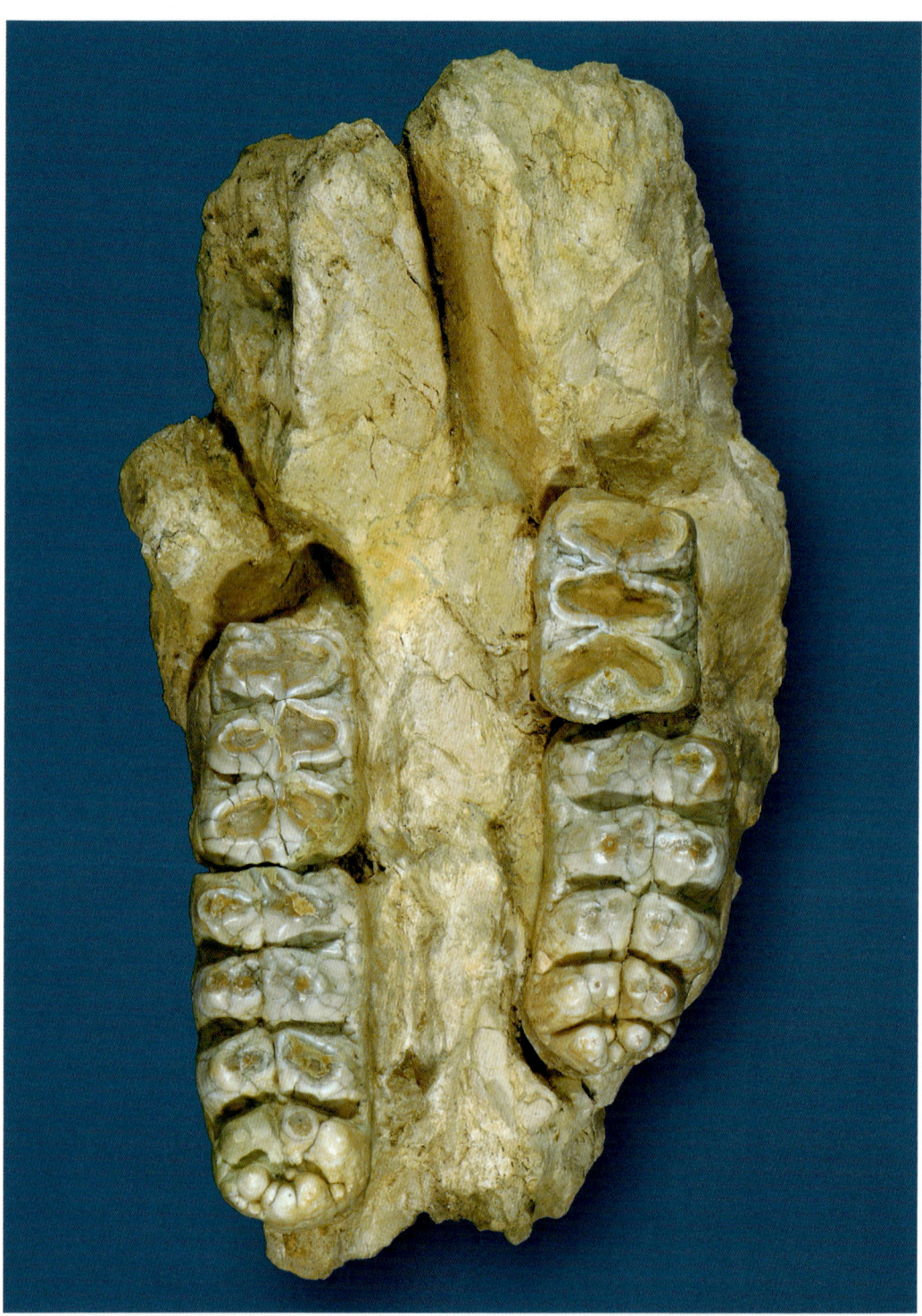

Abb. 140. Gaumenansicht eines Schädelbruchstückes des Mastodonten *Gomphotherium steinheimense* mit beiden Bezahnungsreihen. Das Bruchstück ist eines der wenigen erhaltenen Reste eines 1883 in Steinheim gefundenen Skelettes dieses Rüsseltieres. Länge des Bruchstücks: 60 cm.

die wir z.B. von Langenau bei Ulm kennen, waren mit etwas über 2 Meter Schulterhöhe noch vergleichsweise klein. Ihre rasche Größenzunahme während des Mittelmiozäns zeigt, dass sie hier günstige Lebensbedingungen vorfanden. Zudem waren die Tiere offenbar sehr anpassungsfähig. Das ersieht man daraus, dass sie sich nicht nur nach Europa, sondern über ganz Asien und über die zeitweise landfeste Beringbrücke auch nach Nord- und Südamerika ausgebreitet haben. Die beiden heute überlebenden Arten, der Afrikanische und der Indische Elefant, stellen also nur noch einen schwachen Abglanz einstiger Formenvielfalt dar.

Wie wir bei den Antilopenartigen gesehen haben, kann auch das Fehlen bestimmter Arten in einem Lebensraum Hinweise auf dessen Beschaffenheit geben. Dass von den Hauerelefanten der Gattung *Deinotherium* in Steinheim nie ein Rest gefunden wurde, ist sicher kein Zufall. Diese Rüsseltiere haben sich wie die Mastodonten im Untermiozän von Afrika nach Europa ausgebreitet und kommen in Süddeutschland bis ins Obermiozän vor.

Das Gleiche gilt für Affen. Der bisher einzige, von Oskar Fraas schon im 19. Jahrhundert beschriebene Fund, entpuppte sich später als Nabelschweinrest. Diese Fehlbestimmung wird verständlicher, wenn man bedenkt, dass Affen wie Schweine ein sehr ähnlich gebautes Allesfresser-Backenzahngebiss besitzen.

Bei Affen wie Hauerelefanten handelt es sich um wärmeliebende Waldtiere. Das Fehlen dieser Faunenbestandteile in Steinheim zu einer Zeit, als sie südlich der Alb vorkamen, zeigt, dass deren relativ trockene Hochfläche keinen günstigen Lebensraum für sie darstellte.

Abb. 141. Bruchstück eines Oberkiefer-Stoßzahnes des Mastodonten *Gomphotherium steinheimense* bei der Bergung. Länge: 47 cm.

Sammeln – Graben – Erhalten

Fossilgewinnung

Abgesehen von den Schneckenschalen, die schon seit Urzeiten immer wieder an den steilen Hängen des Kraterrandes oder des Zentralhügels herauswitterten, beginnt die Geschichte der Auffindung Steinheimer Fossilien mit dem Sandabbau zu Beginn des 19. Jahrhunderts. Die Knochen und Zähne, die dabei zum Vorschein kamen, unterschieden sich so stark von solchen heutiger Wirbeltiere, dass sie rasch die Aufmerksamkeit damaliger Naturforscher wie Georg Friedrich Jäger weckten. Sein Nachfolger am Naturalienkabinett in Stuttgart, Oscar Fraas, erkannte, dass die Bedeutung der Fundstelle weit über die anderer Tertiärfundstellen hinausging, und dementsprechend hielt er die Sandgräber an, sorgfältig auf allfällige Funde zu achten. Dabei war die Unterstützung durch den von den Fossilfunden faszinierten Sandgrubenbesitzer Andreas Pharion von entscheidender Bedeutung. Der Erfolg blieb nicht aus: Skelettfunde von Gabelhirsch und Wassermoschustier bildeten die Höhepunkte der 1870 von Fraas veröffentlichten Monographie der Steinheimer Fauna. Der schon erwähnte Skelettfund eines Rüsseltieres aus der Verwandtschaft der Mastodonten kam in den 80er Jahren des 19. Jahrhunderts hinzu. Die späteren Betreiber Reinhold Pharion und dessen Schwiegersohn Hermann Münch ließen es sich ebenfalls angelegen sein, die beim Sandabbau zum Vorschein kommenden Funde sicherzustellen. Dass dabei vor allem Reste von Großsäugetieren wie Nashörnern und die besonders stabilen Geweihe der Gabelhirsche den Sandgräbern auffielen, ist nicht verwunderlich.

Abb. 142. Grabungsstelle im Südteil der Gemeindesandgrube in den 70er Jahren des 20. Jahrhunderts. Jeweils etwa 30 Quadratmeter große Flächen wurden Schicht um Schicht abgetragen.

Alle diese Fossilien waren Zufallsfunde, Beiprodukte des kommerziellen Sandabbaus. Zusammengehörende Funde wurden auf Grund der Abbaumethode oft nicht als solche erkannt. Oskar Fraas führte dafür ein eindrückliches Beispiel an: In seiner Steinheim-Monographie beschrieb er die Unterkiefer des Bärenhundes *Amphicyon steinheimensis*. Der dazugehörende Schädel wurde erst 15 Jahre später gefunden (Abb. 124). Dass beide vom gleichen Individuum stammen, konnte dadurch bewiesen werden, dass mit den Unterkiefern auch einige Oberkieferzähne geborgen wurden, die dann exakt in die entsprechenden Wurzelöffnungen des später gefundenen Schädels passten. Mit dem zurückgehenden Sandabbau nach dem zweiten Weltkrieg ließ auch die Zahl der Neufunde drastisch nach. Diese unbefriedigende Situation änderte sich im Jahre 1969 mit dem Beginn systematischer Grabungen durch Elmar P. J. Heizmann. Bis 1982 wurde jährlich im südlichen Teil der Gemeindesandgrube auf einer Fläche von etwa 130 Quadratmetern Schicht um Schicht des mittleren Bereichs der Seeablagerungen (trochiformis-/oxystoma-Schichten) abgetragen (Abb. 142) und sorgfältig auf ihren Fossilinhalt hin untersucht. Dieser konnte dadurch nicht nur vollständig erfasst werden, sondern auch die für die Kenntnis der Einbettungsbedingungen und -ursachen wichtigen Lagerungsverhältnisse konnten ergründet werden.

Die Bergung von Skelettresten geht so vor sich, dass man, kommen zusammenhängende Knochen zum Vorschein, zunächst den Umfang des Fundes festzustellen sucht, indem man die Fundschicht weiträumig um den Fund herum angräbt. Dann wird das Skelett soweit oberflächlich freigelegt (Abb. 143), dass eine Fundskizze und Photos angefertigt werden können (Abb. 144). Zur endgültigen Bergung wird um den Fund ein Sockel abgestochen und dieser mit einer durch Rupfen oder Drahtgeflecht verstärkten Gipskappe versehen (Abb. 145). Mit diesem Schutz versehen kann das Objekt ins Museum zur endgültigen Präparation verbracht werden.

Für die geringe Zahl von Funden kleinerer Wirbeltiere während des früheren Sandabbaus sind, außer dass sie leicht übersehen wurden, sicher auch deren manchmal fragile Erhaltung und die geringe Festigkeit des umgebenden Sandes verantwortlich. Daher müssen Einzel- wie Skelettfunde schon bei der Freilegung gefestigt werden.

Ergänzt wurden die Arbeiten im Südteil der Sandgrube durch Grabungen anlässlich zweier Friedhofserweiterungen 1977/78 und 1985/1986 in deren Nordteil. Hier konnten etwas ältere Ablagerungen (sulcatus-Schichten) genauer in Augenschein genommen und besonders viele Fisch- und Pflanzenreste geborgen werden.

Das Ergebnis dieser langjährigen Arbeiten übertraf alle Erwartungen: Durch den flächenmäßigen Abbau konnten sowohl zusammenhängende wie zerfallene Skelette der verschiedensten Tiere erkannt und ausgegraben werden. Viele der im Meteorkratermuseum gezeigten Funde gehen auf diese Grabungen zurück. Zahlreiche bisher aus Steinheim nicht bekannte Arten wurden entdeckt, besonders unter den Kleinsäugern, nach denen durch Auswaschen großer Sedimentmengen in Sieben besonders gefahndet wurde (Abb. 146, siehe auch S. 118). Im Jahr 1995 am westlichen Kraterrand im Rahmen eines von der Deutschen Forschungsgemeinschaft geförderten Projektes durchgeführte Schürfe haben inzwischen auch den ältesten Teil der Seeablagerungen erschlossen.

Für die Kleinlebewesen wie Schnecken und Muschelkrebse gibt es noch weitere Informationsquellen: In den Bohrkernen der zahlreichen, zur geologischen Erkundung niedergebrachten Bohrungen kommen sie stellenweise massenhaft vor. Zur Gewinnung der Muschelkrebsschalen, für die besonders feine Siebe mit nur 0,1 mm Maschenweite verwendet werden, sind im Bedarfsfall zudem schon kleine Schürfe ausreichend, wie sie z.B. am Knill zur Begutachtung der jüngsten Seeablagerungen durchgeführt wurden.

Abb. 143. Skelett eines Gabelhirsches bei der Freilegung.

Abb. 144. Anfertigen einer Fundskizze eines freigelegten Skelettes. Ein Gitternetz über dem Skelett erlaubt eine exakte Wiedergabe der Lagerungsverhältnisse.

Abb. 145. Mit Gipskappen werden die freigelegten Fossilien geschützt und für den Transport vorbereitet.

Abb. 146. Schlämmstand in der Gemeindesandgrube. Durch das Auswaschen großer Sedimentmengen in Sieben während der Grabung und anschließendes Auslesen der Rückstände konnte besonders die Kenntnis der Kleinwirbeltiere entscheidend vorangebracht werden.

Abb. 147.
oben: Gabelhirschskelett in Fundlage mit in typischer Weise durch Austrocknung der Sehnen über den Rücken zurückgezogenem Schädel (vgl. auch Abb. 95). Die Knochen sind zum Teil durch Setzungsbrüche zerlegt und die Teile gegeneinander versetzt.
unten: Leiche eines heutigen Springbocks *(Antidorcas)* aus Namibia mit ähnlich zurückgewendetem Schädel.

Einbettung und Erhaltung

Obwohl die Erhaltung der Fossilien generell gut ist, sind einige doch mehr oder weniger stark beschädigt, vor allem durch die Last des auflagernden Sedimentes oder infolge von Setzungsbrüchen in diesem, in der Nähe der Geländeoberfläche aber auch durch die Einwirkung von tief abgesenkten Wurzeln, vor allem von Weiden. In den Fischschichten waren die Erhaltungsbedingungen so gut, dass es zur Weichteilerhaltung (Körperumriß, Schuppen) kam. Die Ablagerungsbedingungen im See waren so gleichmäßig und ruhig, dass zeitweise sogar Blattabdrücke überliefert wurden.

Dass nicht nur Skelette gefunden werden, sondern zumeist isolierte Zähne, Kiefer und Knochen, hängt damit zusammen, dass es unter Wasser immer wieder zu Hangrutschungen kam, durch welche die Knochen verteilt wurden. Zudem bewirkten Wellenbewegungen im flachen, ufernahen Bereich die Auflösung des Skelettverbandes bei kleineren Tieren. Strömungen dürften in dem abgeschlossenen See dagegen höchstens eine völlig untergeordnete Rolle gespielt haben. Gleichwohl gibt es sowohl bei den Fischskeletten wie auch bei den Knochen anderer Wirbeltiere Einregelungsvorgänge. In Ufernähe sind diese aber eher auf den Einfluss der Wellenbewegungen an der Seeoberfläche zurückzuführen. Die Untersuchung dieser Vorgänge, also dessen, was zwischen dem Tod der Tiere und der endgültigen Einbettung der Leichen geschah, bildet einen eigenen Wissenschaftszweig, die Taphonomie.

Noch nicht in allen Einzelheiten ist geklärt, wie die Leichen der Tiere in den See gelangten. Bei den in manchen Lagen massenhaft vorkommenden Fischskeletten wird ein durch Sauerstoffzehrung bewirktes zeitweises Umkippen des Sees die Ursache der Fossilanreicherung sein. Für die Einbettung der Landwirbeltiere sind andere Faktoren verantwortlich. Diese können vielfältig sein: An steilen Stellen rutschten möglicherweise mitunter Tiere ab und ertranken, da sie dann nicht mehr an Land gelangen konnten. Man weiß auch von heutigen Beobachtungen, dass alte und kranke Tiere häufig Wassernähe aufsuchen und dann dort verenden. Schließlich bildete auch das weiche Sediment (»Klebsand«) Fallen, in denen immer wieder Tiere stecken blieben. Durch die Strampelbewegungen wurde bei ihren Befreiungsversuchen das im Kristallgitter der Sedimentkörner gebundene Wasser freigesetzt, wodurch sich der Untergrund in einen zähen Brei verwandelte, aus dem es kein Entrinnen gab. Noch heute kann man diesen Vorgang der Verflüssigung an einem Stück Klebsand jederzeit durch Schütteln nachvollziehen. Der hohe Anteil an unerfahrenen Jungtieren unter den Funden spricht dafür, dass diese Fallen eine wichtige Rolle bei der Fossilanreicherung bildeten. Die hohe Funddichte in der Gemeindesandgrube hat auch damit zu tun, dass aufschwimmende Leichen durch Winddrift oft im gleichen Bereich des Sees angeschwemmt wurden, bevor sie absanken und endgültig eingebettet wurden. Diese Funddichte täuscht zudem: Bei der langen Zeit, die der See bestand, genügte es völlig, wenn ab und zu ein Tier ertrank, um schließlich zu solchen Fundzahlen zu gelangen. Die Besiedelung der Zentralinsel konnte zudem bei niedrigem Seespiegel trockenen Fußes erfolgen, da zeitweise eine Landverbindung zum Kraterrand bestand.

Die Art und Weise der Erhaltung der Skelette erlaubt weitere Rückschlüsse. Zwei Skelette von weiblichen Gabelhirschen sind mit in charakteristischer Weise über den Rücken zurückgebogenen Schädeln erhalten (Abb. 95, 147). Bei heutigen Tierleichen kann man beobachten, dass das eine typische Haltung bei Kadavern ist, die eine Zeit lang auf der Landoberfläche gelegen haben (Abb. 147). Beim Austrocknen der Leiche wird dabei der Schädel durch Verkürzung der Muskulatur und der Sehnen des Halses nach hinten gezogen. In diesem Fall ist die Einbettung also nicht unmittelbar nach dem Tod des Tieres erfolgt. Etwas

Abb. 148. Sedimentblock mit Skelett des Zwerghirsches *Micromeryx flourensianus* in Fundlage. Wie bei dem Skelett auf Abb. 147 sind die Knochen teilweise durch Setzungsbrüche gegeneinander versetzt. Gegenüber diesem reichte bei dem kleineren Zwerghirsch die Energie der Wasserbewegung aus, um einzelne Knochenpartien aus ihrem natürlichen Verband zu lösen, wodurch der etwas chaotische Eindruck der Knochenanhäufung entsteht. Länge des Blockes: 77 cm.

weiteres zeigen diese beiden Skelette, von denen eines in Stuttgart und das andere im Meteorkratermuseum ausgestellt ist: Die mantelförmig um den Zentralhügel herum abgelagerten Schichten haben sich im Laufe der Zeit hangabwärts gesetzt. Als Folge davon durchziehen Setzungsbrüche das Sediment, welche die Knochen des in Fundlage präparierten Gabelhirschskelettes im Meteorkratermuseum teilweise glatt durchtrennt und versetzt haben.

Während diese Skelette sich noch im natürlichen Verband befinden, ist dies bei keinem der zahlreichen Zwerghirschskelette der Fall (Abb. 148). Es scheint also, dass die Wellenenergie im flachen Wasser ausreiche, um bei kleineren Tieren den Skelettverband aufzulösen, nicht aber bei größeren. War die Energiezufuhr gleichmäßig, blies der Wind also länger aus einer Richtung, kam es zu einer Ausrichtung der Knochen parallel und senkrecht zueinander, wie wir das bei einem Vogelskelett beobachten können.

Beim Skelett einer Schnappschildkröte (Abb. 149) stellen wir fest, dass sie an dem Ort eingebettet wurde, an dem sie auf den Grund sank. Da dies am schrägen Hang des Zentralhügels geschah, rutschte der Rückenpanzer nach Verwesung der Weichteile etwas ab, bis er sich im Sediment verfing, was sich an einer entsprechenden Stauchung des Panzerrandes bemerkbar macht. Auch Kopf und Schwanz wurden entsprechend eingere-

Abb. 149. Sedimentblock mit Panzer und Skelett der Schnappschildkröte *Chelydropsis murchisoni* in Fundlage. Fische bildeten ein Hauptbestandteil der Nahrung dieser Schildkröten. Das links unten befindliche Fischskelett liegt allerdings in einer tieferen Schicht, wurde also schon früher eingebettet. Zur Art und Weise der Einbettung des Schildkrötenskelettes siehe Abb. 150.

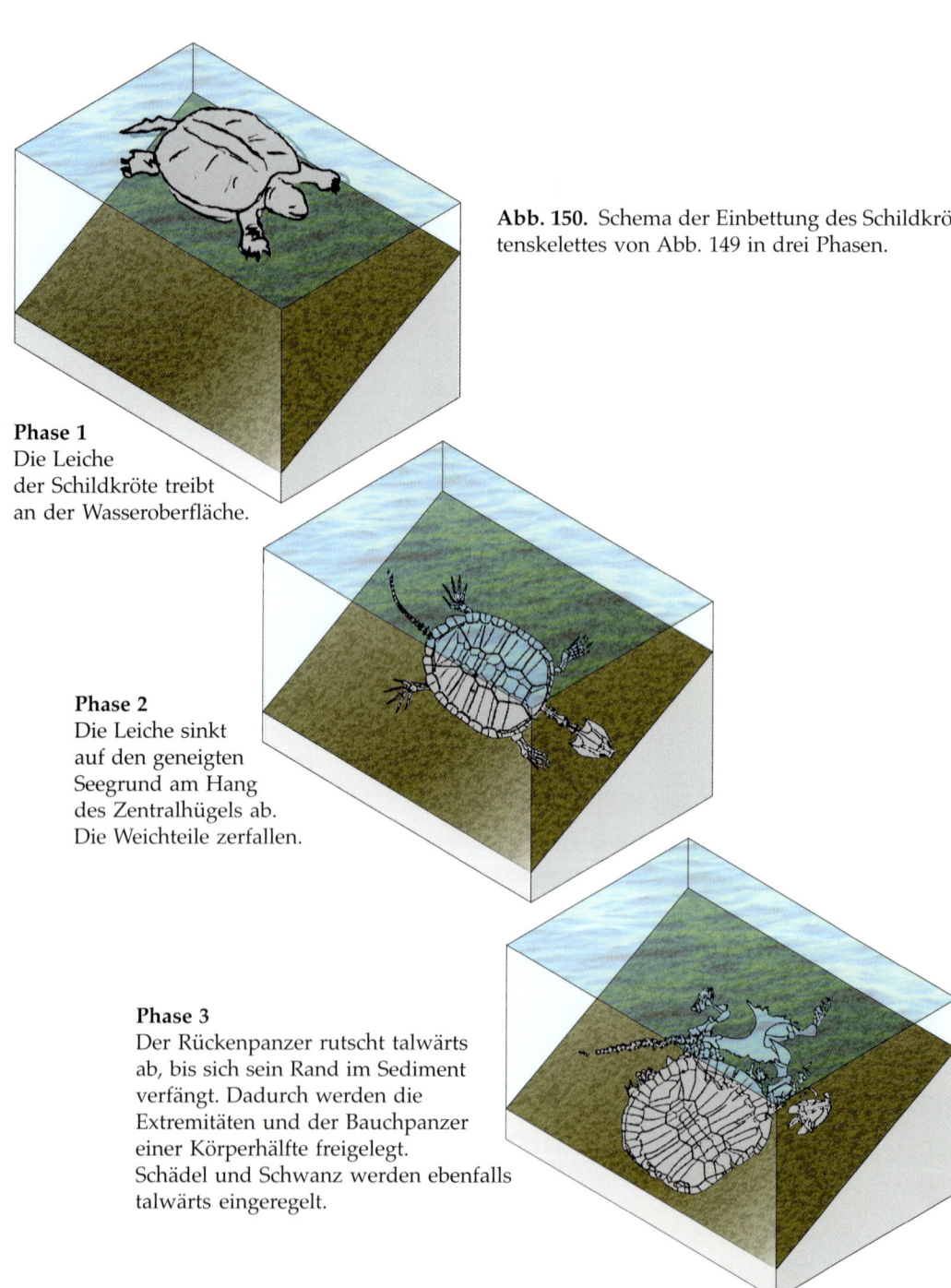

Abb. 150. Schema der Einbettung des Schildkrötenskelettes von Abb. 149 in drei Phasen.

Phase 1
Die Leiche der Schildkröte treibt an der Wasseroberfläche.

Phase 2
Die Leiche sinkt auf den geneigten Seegrund am Hang des Zentralhügels ab. Die Weichteile zerfallen.

Phase 3
Der Rückenpanzer rutscht talwärts ab, bis sich sein Rand im Sediment verfängt. Dadurch werden die Extremitäten und der Bauchpanzer einer Körperhälfte freigelegt. Schädel und Schwanz werden ebenfalls talwärts eingeregelt.

gelt. Durch das Abrutschen des Rückenpanzers wurden eine Hälfte des Bauchpanzers und die Extremitäten dieser Seite freigelegt (Abb. 150).

An diesen Beispielen zeigt sich, wie sich Fossilien »lesen« lassen, und wie wir durch eine sorgfältige Analyse des Erhaltungszustandes viele zusätzliche Informationen gewinnen können.

Präparation

Manchmal äußern Besucher des Museums die Auffassung, die prächtigen Schaustücke, die dort gezeigt werden, seien wohl ohne weiteres direkt von der Fundstelle ins Museum gebracht worden. Dass zwischen Bergung und Präsentation oft ein langer und mühsamer Weg liegt, ist nicht jedem bewusst.

Wir haben schon im Kapitel über die Fossilgewinnung gesehen, dass bereits während der Grabung ein erheblicher Aufwand betrieben werden muss, um die Fossilien unbeschädigt bergen und in die Präparationswerkstatt des Museums verbringen zu können. Nur solide Einzelfunde wie z.B. Fußwurzelknochen oder einzelne Zähne lassen sich schon während der Grabung völlig aus dem Sediment herauslösen.

Vollständigere Funde werden in Fundlage präpariert (Abb. 151). Dazu muss zunächst einmal der Sedimentblock, auf dem sie sich befinden, mit Lack und Kunstharz gefestigt werden und einen soliden Unterbau erhalten. Dann werden die auf ihm befindlichen Knochen und Zähne freipräpariert, Brüche geklebt und Fehlstellen ergänzt. Zwischen den Knochen wird der Sand vorsichtig abgetragen, um eventuell tiefer liegende Knochen aufzufinden. Letzte Feinheiten werden unter dem Stereomikroskop herausgearbeitet. Nur durch diese Vorgehensweise kann vermieden werden, dass winzige Teile wie z.B. die Seitenzehen der Zwerghirsche verloren gehen.

Abb. 151. Präparation des auf Abb. 148 wiedergegebenen Zwerghirschskelettes.

Das Alter der Fundstelle

Für Zeiten, welche viele Millionen Jahre zurückliegen, ein genaues Alter angeben zu wollen, ist eine schwierige Angelegenheit. Die Methoden, die dazu benutzt werden, unterscheiden sich in ihrem Ansatz sehr stark, ergänzen sich im besten Falle dadurch aber auch. Einerseits werden physikalische Prozesse genutzt wie der nach strengen Gesetzmäßigkeiten ablaufende Zerfall radioaktiver Isotope (s. S. 72). Auf diese Weise kann der absolute Abstand von heute in Jahren angegeben werden, wobei die Absolutheit keineswegs wörtlich zu nehmen ist, denn es gibt auch Faktoren, die den Gleichlauf der »radioaktiven Uhr« stören können. Eine andere Möglichkeit ergibt sich durch die immer wieder erfolgte Umkehrung des Magnetfeldes der Erde, also der Umwandlung des magnetischen Nordpols in den Südpol und umgekehrt. Die dadurch bewirkte unterschiedliche Magnetisierung von Gesteinen kann in diesen festgehalten werden. Im Verbund mit absoluten Datierungen können auf diese Weise recht genaue Alter festgestellt werden. Schließlich gibt es Datierungen, die sich auf die relative Entwicklungshöhe der Tier- und Pflanzenwelt stützen. Für einen bestimmten geographischen Bereich lässt sich damit eine relativ genaue Abfolge nach dem Prinzip älter-jünger erstellen (Abb. 87, S. 104). Je mehr Organismengruppen für einen solchen Vergleich herangezogen werden, desto präziser wird das zu erwartende Ergebnis sein. Auch in diesem Fall ergibt erst die Kombination mit absoluten Datierungen konkrete Alter.

Im Falle von Steinheim ist mit der Aussprengung des Kraters eine untere Altersgrenze gegeben, denn die Seeablagerungen und die darin enthaltenen Fossilien müssen jünger sein. Zwar gibt es dafür aus Steinheim keine absoluten Datierungen, aber durch die Annahme einer gleichzeitigen Entstehung von Nördlinger Ries und Steinheimer Becken können die im Ries gewonnenen Daten, die ein Alter um 15 Millionen Jahre ergeben haben (s. S. 72), auf das Steinheimer Becken übertragen werden. Es wäre zumindest sehr unwahrscheinlich, dass zwei auf Grund ihrer Beckenfüllung annähernd gleichaltrige Krater in unmittelbarer Nachbarschaft in kurzem zeitlichem Abstand entstanden.

Eine Obergrenze ergibt sich mit der Einwanderung der obermiozänen Tierwelt vor etwa 10 Millionen Jahren, als unter anderem die in Steinheim belegten Urpferde der Gattung *Anchitherium* durch die moderneren Hipparionen verdrängt werden.

Die überwiegende Anzahl der Großsäuger von Steinheim ist mit der untermiozänen Einwanderungswelle vor ungefähr 18 Millionen Jahren nach Mitteleuropa gelangt und hat sich dann dort gleichmäßig weiterentwickelt. Besonders hohe Entwicklungsraten hat man bei manchen Kleinsäugern festgestellt (s. S. 118). Auf Grund des in Steinheim feststellbaren Entwicklungsniveaus kann man die Fundstelle in das mittlere Mittel-Miozän einordnen, also in eine Zeit vor etwa 13-14 Millionen Jahren. Für diesen Abschnitt der Untergliederung der Erdgeschichte mit Hilfe von Säugern ist Steinheim Referenzlokalität, d.h. der Standard, an dem man sich bei Vergleichen orientiert.

Damit sind aber keineswegs alle sich auf das Alter beziehenden Fragen geklärt. Warum repräsentieren die Faunen der Ries-Inselberge eine ältere Säugerzone als diejenige von Steinheim? Und warum konnte diese Zone bisher trotz intensiver Suche in Steinheim nicht nachgewiesen werden, was bei gleichzeitiger Entstehung der beiden Krater doch zu erwarten wäre? Außerdem ist der Zeitraum zwischen der Kraterentstehung vor 15 Millionen Jahren und dem vermuteten Alter der in den mittleren Seeabschnitten geborgenen Fauna von 13-14 Millionen Jahren sehr lang, selbst für einen Langzeitsee, für den man Steinheim wegen seiner isolierten Lage und wegen seiner Ablagerungsverhältnisse hält. Möglicherweise verbergen sich hinter solchen Fragen Probleme, die einerseits mit der Zuverlässigkeit absoluter Daten, andererseits aber auch mit der Korrelation, also der altersmäßigen Gleichsetzung von Fundstellen, zu tun haben. Neueste vom Geologischen Institut der Universität Stuttgart durchgeführte Untersuchungen ergeben allerdings ein Alter von 14,3 Millionen Jahren für die Entstehung des Rieskraters und vermindern dadurch diesen Abstand beträchtlich.

Was aber ganz sicher aus diesen Fragen hervorgeht, ist, dass das Steinheimer Becken noch längst nicht alle Geheimnisse preisgegeben hat, und dass auch künftigen Forschern noch genügend Betätigungsfelder offenstehen.

Vor und nach dem Einschlag

Spannend ist die Frage, welchen Einfluss die Einschlagskatastrophe von Ries und Steinheimer Becken auf die Entwicklung der Tier- und Pflanzenwelt der Region gehabt haben mag. Mit Hilfe der Molasseablagerungen südlich der Schwäbischen Alb im Bereich der bayerisch-schwäbischen Hochebene können wir diesem Problem auf den Grund gehen, decken doch diese Sedimente den Altersbereich vor und nach dem Einschlag mehr oder weniger kontinuierlich ab. Zudem haben wir mit dem Brockhorizont, einer Lage von aus den Explosionskratern ausgeworfenem Material, eine exakte Zeitmarke für die Einschläge.

Es steht außer Zweifel, dass die Einschläge selbst mit ihrer Hitze- und Druckwelle in weitem Umkreis alles Leben auslöschten (s. S. 73). Wälder wurden bis zu 200 km im Umkreis zerstört, in näherer Umgebung verbrannt, weiter entfernt wie Streichhölzer umgeknickt (Abb. 80). Auch für die Tiere gab es in dieser Zone kein Entrinnen vor der sich mit Überschallgeschwindigkeit ausbreitenden Explosionswelle. Die Tatsache, dass man bis zu 160 km vom Rieskrater entfernt noch Auswürflinge findet, mag einen Eindruck von der Gewalt der Katastrophe zu vermitteln.

Wenn wir aber die Floren und Faunen der Molasseablagerungen vor und nach dem Einschlag vergleichen, stellen wir fest, dass keine grundsätzlichen Veränderungen in der Zusammensetzung der Tier- und Pflanzenwelt zu vermerken sind. Das bedeutet, dass das Leben relativ rasch von außen her wieder in diese Zone vordrang, sodass vermutlich schon nach maximal wenigen hundert Jahren ein Zustand ähnlich demjenigen vor der Katastrophe wieder erreicht war. Da das Verbreitungsareal der betroffenen Organismen größer war als die zerstörte Zone, war dies ohne weiteres möglich. Das immer wieder einmal als Beleg für entscheidende und irreversible Auswirkungen der Katastrophe angeführte Verschwinden von Palmen und Krokodilen im frühen Mittel-Miozän hat andere Ursachen (s. S. 112).

Aus diesen Vorgängen lässt sich ablesen, dass selbst weitreichende Naturkatastrophen ohne dauerhafte Folgen bleiben, wenn sie keine grundsätzlichen Änderungen der Lebensbedingungen, etwa klimatischer Art, mit sich bringen und wenn die betroffenen Ökosysteme Gelegenheit erhalten, sich wieder aufzubauen.

Das Bild der Vergangenheit

Ein wesentliches Ziel jeder Untersuchung von Fossilien ist die Rekonstruktion der Organismen, von denen sie stammen und der Lebensverhältnisse, unter denen diese existierten. Genau genommen ist das eine Detektivarbeit, die versucht, ausgehend von den vorliegenden Daten und dem Vergleich mit heutigen ähnlichen Lebewesen und Lebensräumen Mosaiksteinchen um Mosaiksteinchen zu einem Gesamtbild zusammenzufügen. Je mehr Informationen vorliegen, desto präziser wird das Bild. Dieser Führer hat dokumentiert, dass in Steinheim, angefangen von den Entstehungsbedingungen des Kraters bis hin zu der in seinen Seeablagerungen enthaltenen Organismenfülle, im Vergleich zu manch anderer Fundstelle so viel mehr bekannt ist, dass ein solcher Versuch mit einiger Aussicht auf Erfolg gewagt werden kann.

Rekonstruktion von Organismen

Erster Schritt zu einem Gesamtbild ist die Rekonstruktion der vorgefundenen Organismen, von denen ja in der Regel nur die Hartteile wie Schalen, Knochen oder Zähne überliefert sind. Dabei muss man sich bewusst sein, dass alle Organismen, die keine fossilisationsfähigen Körperteile besitzen, damit von vorneherein für die Analyse wegfallen, obwohl sie für das Verständnis des untersuchten Lebensraumes möglicherweise mindestens so wichtig sind wie die erhaltenen Lebewesen. Wirbellose der Miozänzeit lassen sich oft recht gut mit heutigen Verwandten vergleichen. Ihr Äußeres wird zudem entscheidend von den Schalen geprägt. Schwieriger ist die »Wiederbelebung« bei den Wirbeltieren.

Selbst unter so günstigen Bedingungen, wie sie in Steinheim vorlagen, sind eben nur die Skelette dieser Tiere überliefert, die nur ein sehr unvollständiges Bild von deren Aussehen gestatten. Zwar können wir auf Grund der Muskelansätze an den Knochen die Muskulatur rekonstruieren und diese dann auch mit einer Haut überziehen. Ein so erstelltes Modell ist aber weit davon entfernt, den Eindruck eines einst lebendigen Tieres zu vermitteln, wird doch die Gestalt etwa eines Säugetieres entscheidend von Haarlänge, -färbung und -musterung geprägt, ganz zu schweigen von Quasten, Mähnen, Bärten und ähnlichem. Da Haare gewöhnlich nicht erhaltungsfähig sind, gewinnen wir bei der Rekonstruktion einen gewissen Freiheitsgrad, und eine Rekonstruktion ist daher immer eine unter mehreren möglichen Lösungen. Das heißt aber nicht, daß die Rekonstruktion willkürlich sein sollte. Tunlichst orientiert man sich an den erkennbaren anatomischen Gegebenheiten und an heutigen Vergleichsmustern: So trägt das Fell des rekonstruierten Zwerghirsches deshalb ein Streifen-Muster, weil ähnliche Färbungen für die primitivsten heutigen Hirschverwandten typisch sind.

Die Erstellung von Modellen, wie sie im Diorama (Abb. 155) zu sehen sind, beginnt mit einer zeichnerischen Rekonstruktion, die auf dem Skelett des jeweiligen Tieres beruht. Durch eine dreidimensionale Montage der Knochen gewinnt man eine Vorstellung von Größe und Proportionen des Tieres. Entweder auf einen montierten Abguß des Skelettes oder auf eine entsprechend dimensionierte Tragekonstruktion wird dann ein Drahtgeflecht aufgebracht und auf diesem die Muskulatur mit Gips oder Kunststoff aufmodelliert. Dieser Rohling wird schließlich mit einem künstlichen oder echten Fell versehen.

Erstellung eines Gesamtbildes

Natürlich interessiert nicht nur, welche Pflanzen und Tiere im miozänen Steinheim vorkamen, sondern auch wie die Landschaft aussah, in der sie lebten. Eine solche Gesamtrekonstruktion wird um so genauer sein, je mehr Angaben sie aus dem Bereich der Geologie, Sedimentologie und Paläontologie berücksichtigen kann. Die Kenntnis der klimatischen Bedingungen (s. S. 99) ist dafür ebenfalls eine wichtige Voraussetzung.

Die Zunahme der Kenntnisse im Laufe der Zeit lässt sich daher auch an der Abfolge der Rekonstruktionsversuche ablesen. Eine erste, von Eberhard Fraas vorgenommene Darstellung (Abb. 152) interpretierte die Algenriffe noch als Sinterterassen, die von Thermalquellen abgesetzt worden sein sollten, und auch die dargestellten Tiere unterscheiden sich aus mangelnder Kenntnis noch stark von heutigen Rekonstruktionen. Später trat die Vorstellung von einer offenen Graslandschaft in der Umgebung des Sees in den Vordergrund, wie wir sie auf einem von Fritz Berkhemer gestalteten Lebensbild vorfinden (Abb. 153). Mit den systematischen Grabungen wuchs auch die Informationsfülle und das Bewußtsein dafür,

Abb. 152-154. Entwicklung der Vorstellung vom Steinheimer Kratersee an Hand von Rekonstruktionen der miozänen Steinheimer Landschaft, sowie der Tier- und Pflanzenwelt. In den Bildern spiegelt sich der zunehmend detailliertere Kenntnisstand ebenso wieder wie der Wechsel der Auffassung vom Vulkan- zum Einschlagskrater.

Abb. 152. Lebensbild der Steinheimer Oase nach Eberhard Fraas (1903). In den See ergießen sich in Zusammenhang mit dem vermuteten vulkanischen Ursprung entstandene Thermalwässer, die Sinterabsätze gebildet haben sollten (Inzwischen weiß man, dass es sich dabei um Algenriffe handelt). Auf der Hochfläche tummelt sich ein Trupp Mastodonten. Im Vorder- und Mittelgrund von links nach rechts: Gabelhirsche; dahinter Palaeomeryciden, die man sich elchähnlich vorstellte; Zwerghirsche; ein Waldpferd mit Zebramuster; eine Säbelzahnkatze; dahinter im See ein Mastodon und ein hornloses Nashorn; am rechten Bildrand Wildschweine.

Abb, 153. Lebensbild des Steinheimer Sees mit der Insel des Zentralhügels nach Fritz Berckhemer und Walter Kranz (1926). Im Vordergrund äsen zwei Mastodonten, denen rechts im Gebüsch eine Säbelzahnkatze auflauert; hinter ihnen fliegen Enten auf; rechts davon entfernt sich ein Rudel Gabelhirsche in Richtung auf einige Waldpferde am rechten Bildrand. Das Bild versucht im Gegensatz zu dem »Menageriebild« von Abb. 152 einen allgemeinen Eindruck von der Landschaftssituation zu geben. Tiere spielen daher in ihm eine untergeordnete Rolle, die Vegetation ist generalisiert gehalten.

dass in Steinheim ganz unterschiedliche Lebensräume auf engem Raum nebeneinander vorkamen. Dennoch enthalten die ersten von Otto Garraux (Basel) für das Meteorkratermuseum gestalteten Lebensbilder noch manche Unstimmigkeit (Abb. 154). Die Umgebung des Kraters ist einer afrikanischen Savanne nachempfunden, am See wachsen Sumpfzypressen, von denen Makroreste bis jetzt nicht gefunden worden sind, und am See tummeln sich als Ergebnis der Fehlbestimmung eines Fossils Krokodile. Erst die im Zuge der Friedhofserweiterung gemachten reichen Pflanzenfunde haben dieses Bild korrigiert, sodass man heute von einem lockeren Trockenwald in der Umgebung des Kraters ausgeht. Das im Museum gezeigte dreidimensionale Diorama berücksichtigt den aktuellen Kenntnisstand (Abb. 155).

Dieser Kenntnisstand ist sicher nicht endgültig, sondern wird durch künftige Forschungen weiter präzisiert und modifiziert werden. Daher ist es wichtig, die einzigartige Kraterlandschaft Steinheims und die Fossilfundstelle in der Gemeindesandgrube zu erhalten, um es so nachfolgenden Generationen zu ermöglichen, die Erforschung dieses einzigartigen Naturdenkmals unter immer wieder neuen Blickwinkeln voranzutreiben.

Abb. 154. Unter Anleitung von Elmar P. J. Heizmann 1978 von Otto Garraux (Basel) für das Meteorkratermuseum angefertigtes Lebensbild des Steinheimer Sees mit dem Kraterrand im Hintergrund und der am linken Bildrand angeschnittenen Zentralinsel. Auf dem umgestürzten, abgestorbenen Baum sitzen Enten; auf seinem Stamm kriecht eine Schnappschildkröte. Im flachen Wasser des Vordergrundes tummeln sich rechts von einer Characeen-Unterwasserwiese Frösche, dahinter sind Schleien erkennbar. Rechts vor dem Schilf kauert ein Trochotherium, und dahinter arbeitet ein Biber mit seinen Jungen an seinem Bau. Links oben fliegen zwei Gänse auf. Das Bild gibt eine Phase der Seeentwicklung bei relativ niedrigem Wasserstand wieder.

Abb. 155. 1994 anläßlich der Museumserweiterung erstelltes dreidimensionales Diorama der Verhältnisse am miozänen Steinheimer See. Bei relativ niedrigem Seespiegel ragt die Zentralinsel mit ihren Algenriffen hoch auf. Links ruht auf dem Ast eines Schotenbaumes das marderähnliche Trocharion; darunter tritt ein Zwerghirsch aus der Vegetation. In der Mitte des Vordergrundes räkelt sich hinter einer Landschildkröte eine Schlange auf einer Sandbank; dahinter eine Schnappschildkröte. Rechts kommt aus dem Schilf ein Waldpferd zur Tränke.

Weiterführende Literatur

ADAM, K. D. (1992): Das Steinheimer Becken – eine Fundstätte von Weltgeltung. Monumenta geologica et palaeontologica. 2. Auflage (Hrsg.: Gemeinde Steinheim am Albuch, Bürgermeisteramt): 132 S., 66 Abb., 2 Tab.; Steinheim am Albuch.

ENGELHARDT, W. V., BERTSCH, W., STÖFFLER, D., GROSCHOPF, P. & REIFF, W. (1967): Anzeichen für den meteoritischen Ursprung des Beckens von Steinheim. – Die Naturwissenschaften, **54**: 198-199, 1 Abb.; Berlin.

FRENCH, B. M. (1998): Traces of Catastrophe. A Handbook of Shock-Metamorphic Effects in Terrestrial Meteorite Impact Structures. – Lunar and Planetary Institute, LPI Contribution No. 954: 120 S., 101 Abb., 5 Tab., 1 Appendix; Houston.

GOTTWALD, M.(2000): Radarbilder zeigen Einschlagkrater auf der Erde. – Sterne und Weltraum, **10/ 2000**: 832-833, 3 Abb.; Heidelberg.

GROSCHOPF, P. & REIFF, W. (1993): Der geologische Wanderweg im Steinheimer Becken. 4. Überarb. Aufl. – 32 S., 18 Abb., 2 Tab.; Steinheim am Albuch (Hrsg. Bürgermeisteramt Steinheim am Albuch).

HEIZMANN, E. P. J. (1995): Steinheim am Albuch. Ein miozäner Meteorkrater. – In: WEIDERT, W. K. (Hrsg.): Klassische Fundstellen der Paläontologie. Band 3: 217-228, 13 Abb., 1 Tab.; Korb (Goldschneck-Verlag).

HEIZMANN, E. P. J. & REIFF, W. (1998): Aus der Katastrophe geboren – Das Steinheimer Becken. – In: HEIZMANN, E. P. J. (Hrsg.). Vom Schwarzwald zum Ries. Erdgeschichte mitteleuropäischer Regionen (2): 165-176, 18 Abb.; München (Pfeil-Verlag).

KRANZ, W., BERZ, K. C. & BERCKHEMER, F. (1924): Begleitworte zur Geognostischen Spezialkarte von Württemberg. Atlasblatt Heidenheim mit der Umgebung von Heidenheim, Steinheim a. A., Weissenstein, Eybach, Urspring-Lonsee, Dettingen-Heuchlingen, Gerstetten. – 2. Auflage: 142 S., 22 Abb., 1 Beil. (geol. Kt.): 11-30, 2 Abb.; Stuttgart.

MELOSH, H. J. (1989): Impact Cratering. A Geologic Process. – Oxford Monographs on Geology and Geophysics, **11**: 245 S., 138 Abb., 8 Tab.; New York (Oxford University Press), Oxford (Clarendon Press).

REIFF, W. (1976): Einschlagkrater kosmischer Körper auf der Erde. – In: Meteorite und Meteorkrater. Stuttgarter Beitr. Naturkde., Serie C, **6**: 24-47, 24 Abb., 1 Tab.; Stuttgart.

REIFF, W. & GROSCHOPF, P. (1979): Geology of the Steinheim Basin Impact Crater. – In: Guidebook to the Steinheim Basin Impact Crater (W. REIFF, ed.): 9-18, 15 Abb.; Stuttgart.

STÖFFLER, D. (1972): Das Nördlinger Ries. Modell für die Bildung der Mondkrater und der Gesteine der Mondoberfläche. – Zeiss Inform., **19**, 79: 54-57, 9 Abb.; Oberkochen.

WARTH, M. (1976): Meteorite. – In: Meteorite und Meteorkrater. Stuttgarter Beitr. Naturkde., Serie C, **6**: 3-23, 8 Abb.; Stuttgart.

Danksagung

Herrn Prof. Dr. Dieter Stöffler, Berlin, sei für die Durchsicht des Rohmanuskripts von Teil I und für Verbesserungsvorschläge herzlich gedankt. Die Autoren danken des weiteren den Mitarbeitern des Staatlichen Museums für Naturkunde, die sich in den Bereichen der fotografischen Arbeiten (R. Harling, H. Lumpe) und der Ausführung der Grafiken (R. Baumann, U. Stübler) um die bildliche Ausstattung des Buches verdient gemacht haben. In diesen Dank eingeschlossen sei E. Stabenow, Heidenheim, der nicht nur zahlreiche Fotovorlagen lieferte, sondern auch das Layout vorbereitet hat, und ohne dessen nimmermüden Einsatz das Druckwerk nicht so bald Gestalt angenommen hätte. Genauso entscheidend hierfür war das beständige ideelle und finanzielle Engagement der Gemeinde Steinheim a.A. und ihres Bürgermeisters D. Eisele. Für einen finanziellen Beitrag zur Drucklegung sind wir dem Lions Club Ulm-Neuulm zu Dank verpflichtet.

Der herzliche Dank der Verfasser gilt nicht zuletzt ihren Ehefrauen. Sie haben in Anbetracht des zeitlichen Aufwands für die vielfältigen Anforderungen zur Vorbereitung der Drucklegung mit ihrer Geduld und Nachsicht wesentlich zum Gelingen des Werkes beigetragen.

Abbildungsnachweise

Dr. M. R. Dence, Ottawa, Kanada: 28, 29
DLR 2000, Bildquelle und Satellitenbildrechte: 5
Geologisch-Paläontologisches Institut der Universität Tübingen: 112
Dr. G. Gerster, Zumikon-Zürich, Schweiz: 30
Dr. E. P. J. Heizmann, Suttgart: 97, 142-144, 146
Foto-Hirsch, Nördlingen: 73
E. v. König-Verlag, Heidelberg: 14
Luftbild-Brugger, Stuttgart: 49 (oben), 74
Meteorkrater-Museum, Steinheim a. Albuch: 11, 12, 15, 24, 25
Pressefoto: 48
Prof. Dr. W. Reiff, Leinfelden-Echterdingen: 27, 38, 51, 55, 59, 61, 63. 69, 78, 80, 147 (unten)
Staatliches Museum für Naturkunde (SMNS), Stuttgart:
    Allgemein: 67, 85, 87, 88, 90, 92, 93, 94 (oben), 95 (rechts), 96, 98, 102, 103 (oben), 104, 119 (oben), 124 (oben), 150, 152, 153
    H. Haehl (†): 89
    R. Harling: Buchtitel, 66, 68, 82, 99, 103 (unten), 105-109, 116-118, 120-122, 125, 127, 128, 129, 130 (unten), 131, 132, 134-136, 138-141, 155
    H. Lumpe: 21, 32, 33, 37, 39, 40, 42, 44, 45, 52, 53, 56, 91, 94 (rechts), 95 (unten), 100, 101, 110, 111, 114, 115, 119 (unten), 123, 124 (unten), 133, 137, 147 (oben), 148 (oben), 151, Buchrückseite
E. Stabenow, Heidenheim: 1, 2, 3, 4, 7-10, 18-20, 26, 49 (rechts), 57, 60, 70, 72, 75-77, 81, 83, 86, 113, 130 (oben) 149, 154
Prof. Dr. Dieter Stöffler, Berlin: 71
Ville de Bayeux: 13